Prüfung und Berechnung

ausgeführter

Ammoniak-Kompressions-Kältemaschinen

an Hand des Indikator-Diagrammes

Unter besonderer Berücksichtigung des nassen und trockenen Kompressorganges
Überhitzungseinrichtung und automatische Regulierung

Von

Dr. Gustav Döderlein

Direktor der Sächsischen Maschinenfabrik, Chemnitz,
vorm. Rich. Hartmann, Aktiengesellschaft

———

Zweite erweiterte und verbesserte Auflage

Mit 42 Textabbildungen und 3 lithographierten Tafeln

München und Berlin
Druck und Verlag von R. Oldenbourg
1910

Vorwort zur zweiten Auflage.

Seit dem Erscheinen der ersten Auflage dieses Werkchens hatte ich vielfach Gelegenheit, die damals entwickelten Grundsätze und Formeln in der Praxis auf ihre Zuverlässigkeit und Zweckmäßigkeit nachzuprüfen, ohne dadurch heute zu wesentlichen Änderungen oder Verbesserungen veranlaßt worden zu sein. Zahlreiche Anfragen und Zuschriften haben mir gezeigt, daß auch weitere Fachkreise Nutzen aus meinen Anregungen gezogen haben, so daß eine zweite Auflage manchen Wünschen entgegenkommen dürfte.

Meine damaligen Untersuchungen über trockenen und nassen Kompressorgang haben den Anstoß zu einer wesentlichen Steigerung der Leistungsfähigkeit der Kältemaschine, insbesondere der Ammoniak-Kältemaschine, durch Einführung der sogenannten Überhitzungseinrichtung gegeben, welche heute immer mehr zur Anwendung gelangt. In dieser Hinsicht wird der Inhalt des Werkchens eine Ergänzung erfahren, denn sie bedeutet die einzige grundsätzliche Verbesserung des Arbeitsprozesses der Ammoniak-Kompressionskältemaschine seit ihrer Erfindung.

Schon im Jahre 1900 schlug ich die Einschaltung eines Flüssigkeitsabscheiders in die Saugleitung zwischen Refrigerator und Kompressor und Rückführung der abgeschiedenen Flüssigkeit in den Refrigerator vor, aber bei Erscheinen der ersten Auflage dieses Buches konnte ich aus geschäftlichen und dienstlichen Rücksichten hierüber nicht mehr mitteilen als meine allgemeinen Beobachtungen über den Einfluſs der Dampfnässe im Refrigerator und im Kompressor auf Seite 53 bis 59 der ersten Auflage. — Über die historische Entstehung der Überhitzungseinrichtung, ihren Einfluſs auf Leistung und Betrieb habe ich auf dem internationalen Kongreſs der Kälteindustrie in Paris, ausführlich berichtet. Dieser Bericht ist im Verlag von R. Oldenbourg, München, erschienen, worauf ich mir an dieser Stelle hinzuweisen gestatte.

Auſser den Verbesserungen und Ergänzungen des alten Textes, welche der Betrieb der Kältemaschinen mit Überhitzungseinrichtungen erforderte, hat das Werkchen zwei neue Abschnitte erhalten, von welchem der erste eine allgemeine graphische Darstellung und Betrachtung der Arbeitsvorgänge in allen Teilen der Kältemaschine enthält und der letzte die Ausführung der Überhitzungseinrichtungen sowie ein neues automatisches Regulierverfahren beschreibt.

Chemnitz, Oktober 1910.

Dr. Gustav Döderlein.

Inhalts-Verzeichnis.

Einleitung zur ersten Auflage.

Während das Dampfmaschinen-Diagramm vielseitige Verwendung in der Wissenschaft und Technik zum Studium der Arbeitsvorgänge sowohl, als auch zur Untersuchung und Kontrolle ausgeführter Maschinen findet, wird in der Kältetechnik der Wert des Kompressordiagramms zu analogen Zwecken viel zu wenig gewürdigt.

Seine Verwendung beschränkt sich meist auf die Ermittlung der indizierten Kompressorarbeit bei Garantieversuchen, selten aber wird es zur Kontrolle fertiggestellter Maschinen, zur Berechnung der Leistung, Auffindung von Fehlern etc. benutzt. Der Grund hierfür mag darin liegen, daſs einerseits die Arbeitsvorgänge in der Kaltdampfmaschine verwickelter und aus dem Diagramm schwerer zu erkennen sind, anderseits aber die Wissenschaft sich bisher nur wenig der ausgeführten Maschine selbst und noch weniger dem Indikatordiagramm derselben gewidmet hat.

Professor Dr. v. Linde hat zuerst die Unterschiede zwischen der ausgeführten Maschine und derjenigen, welche der Zeunerschen Theorie zugrunde liegt, eingehender in seiner Schrift »Über Kältemaschinen von heute« behandelt und insbesondere auf die bis dahin nicht erkannte, wichtige Tatsache der Unterkühlung der Flüssigkeit hingewiesen (Zeitschrift für die gesamte Kälte-Industrie 1894).

Professor Dr. Lorenz hat in seiner Abhandlung
»Vergleichende Theorie und Berechnung der Kompres-
sions-Kältemaschinen«[1]) sein Studium hauptsächlich dem
»nassen und trockenen Kompressorgange« gewidmet und
dabei auch auf die wahrscheinliche Überhitzung
der Dämpfe bei nassem Kompressorgang hingewiesen.

Durch diese Forschungen ergaben sich ganz neue
Gesichtspunkte, welche für manche in der Praxis bereits
bekannte, aber theoretisch nicht begründete Erschei-
nungen Aufklärung brachten. Die hauptsächlichsten
Schwierigkeiten bei der rechnerischen Behandlung der
ausgeführten Maschinen aber bereiteten einerseits die
Unkenntnis der Gesetze über den Wärmeaustausch in
den Kondensatoren und Refrigeratoren, anderseits die
Unsicherheit über den Verlauf und Charakter der Kompressionskurve bei »trockenem und nassem Kompressorgange«.

Die vorliegende Abhandlung versucht nun, diese
Fragen der Lösung näher zu bringen und damit die Er-
kenntnis der Arbeitsvorgänge in den Kaltdampfmaschinen
heutiger Ausführung zu erweitern, insbesondere aber die
allgemeine Verwertung des Indikatordiagramms in der
Praxis zu erleichtern und zu fördern.

Die Theorie und Konstruktion der heute den Welt-
markt beherrschenden Kaltdampfmaschine als bekannt
voraussetzend, sei hier nur daran erinnert, daß das
Maximum der Leistung derselben dann erreicht wird,
wenn der arbeitende Stoff (Kältemedium) in der Maschine
einen »Carnotschen Kreisprozeß« vollführt.

Der von Professor Dr. Lorenz entwickelte und als
Vergleichsideal vorgeschlagene »polytropische Kreisprozeß« mag wissenschaftlich seine volle Berechtigung haben,
hat aber in der Praxis, bereits früher schon angewandte

---

[1]) Zeitschrift für die gesamte Kälte-Industrie, IV. Jahrg., 1897.

Annäherungen ausgenommen, noch keine Verwertung gefunden, so daſs für vorliegende Zwecke an der Zeunerschen Theorie des vollkommenen Arbeitsprozesses festgehalten werden soll.

Als Kältemedien stehen zurzeit drei flüchtige Flüssigkeiten in erfolgreichem Wettbewerb: NH_3, SO_2, CO_2, wonach man drei Kältemaschinensysteme unterscheidet:

Ammoniak-, Schwefligsäure- und Kohlensäure-Kältemaschinen.

Es soll nun an dieser Stelle weder auf die tatsächlich vorhandenen Unterschiede der theoretischen Leistungsverhältnisse, noch auf die praktischen Vor- und Nachteile dieser Maschinentypen eingegangen werden, sondern nur auf die diesbezüglichen klassischen Arbeiten von Linde, Zeuner, Schröter, Lorenz und anderen hingewiesen werden.

In vorliegender Abhandlung beschränkt der Verfasser seine Untersuchungen auf die Ammoniakmaschine aus folgenden Gründen:

1. hat dieselbe unstreitbar die weiteste Verbreitung und den gröſsten Erfolg errungen;
2. liegen nur für dieses System umfassende, authentische Versuchsresultate vor (Versuche des »Polytechnischen Vereins« in München);
3. hatte der Verfasser durch seine berufliche Tätigkeit vielseitige Gelegenheit zum Studium derselben.

Es wäre zweifellos sehr erwünscht, daſs analoge Untersuchungen auch für ausgeführte Maschinen anderer Systeme durchgeführt würden, wodurch sich neue und wertvolle Anhaltspunkte zur Beurteilung deren Wertigkeit gewinnen lieſsen; insbesondere würden durch die separate Prüfung der integrierenden Bestandteile der Maschine die unvermeidlichen Leistungsverluste im Kompressor, in Ventilen und Leitungen und in den Wärmeaustausch-Apparaten prägnant hervortreten und sich vergleichen lassen. Leider fehlen hierzu Versuchsergebnisse an guten Maschinen in gleicher Vollständigkeit und Zuverlässigkeit, wie sie für die Ammoniakmaschinen in der Münchener Versuchsstation gewonnen wurden; den Verfasser drängt es um so mehr, auch an dieser Stelle Herrn Professor Schröter für die Überlassung des gesamten Versuchsmaterials seinen Dank auszudrücken.

Erster Abschnitt.

Man findet in der Literatur über Kältemaschinen zahlreiche graphische Darstellungen des theoretischen Kreisprozesses und der Arbeitsvorgänge im Kompressorzylinder; aber meist nur oberflächliche Berücksichtigung der nicht minder wichtigen Vorgänge in den andern Teilen der ausgeführten Maschine, also im Kondensator, im Refrigerator, im Regelventil und in den Verbindungsleitungen.

Diese Gesamtvorgänge in der Kompressionskältemaschine lassen sich in einfacher Weise bildlich darstellen, wie ich dies in der Zeitschrift des Vereins Deutscher Ingenieure, Jahrgang 1906, Seite 257, gezeigt und nachstehend (Seite 6) wiedergegeben habe.

In Fig. 1 ist das Schema einer Kompressions-Kältemaschine dargestellt, und es sind die Wärmebewegungen nach dem Vorbilde des zu ähnlichen Zwecken häufig angewandten Sankey-Diagrammes veranschaulicht.

Senkrecht darüber sind die dazugehörigen, innern Drücke projiziert und zum Drucklinienbilde vereinigt, Fig. 2.

In gleicher Weise sind im Temperaturlinienbilde Fig. 3 die Temperaturen für nassen und trockenen Kompressorgang sowie für mehrere Zwischenstufen dargestellt.

An Hand dieser Abbildung sollen nun zunächst die Arbeitsvorgänge in der Kompressions-Kältemaschine allgemeine Beschreibung finden. Dabei ist die einfachste Ausführungsform zugrunde gelegt, die als »normale«

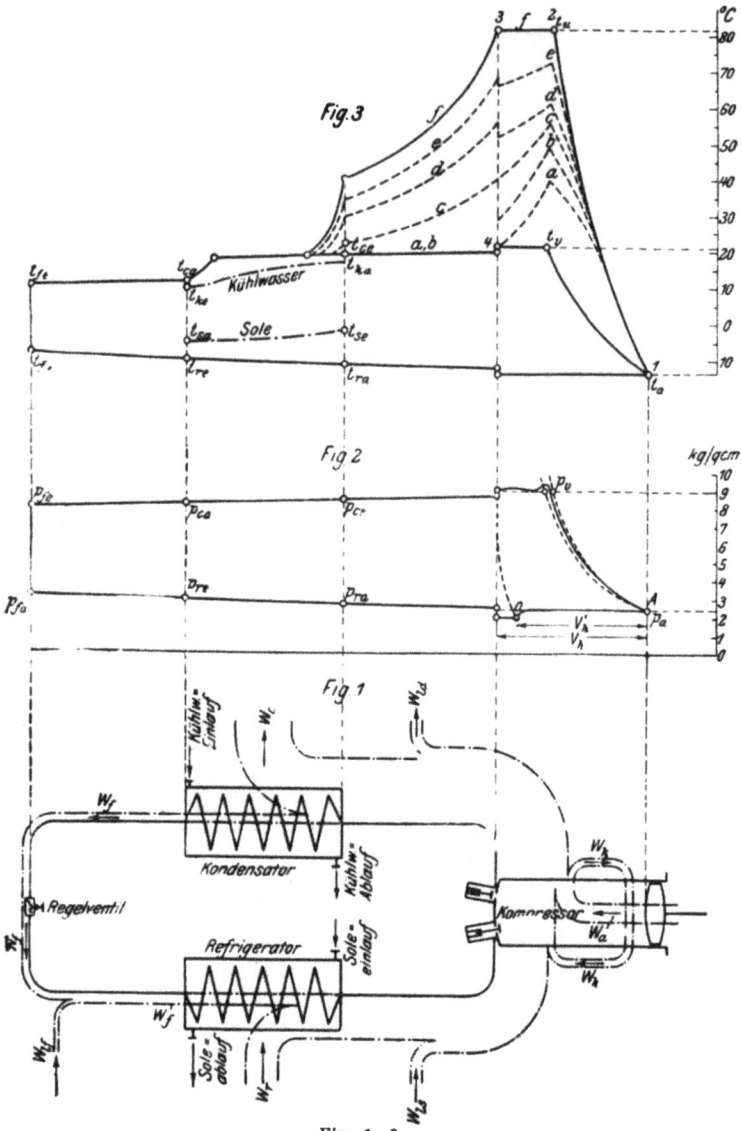

Fig. 3

Fig. 2

Fig. 1

Kühlwasser

Sole

Kühl-Einlauf

Kondensator

Kühl-Ablauf

Sole-einlauf

Regelventil

Refrigerator

Sole-ablauf

Kompressor

°C

kg/qcm

Fig. 1—3.

bezeichnet werden kann, und sich dadurch kennzeichnet, dafs der Refrigerator und der Kondensator aus schmiede-eisernen, schraubenförmig gewundenen Rohrsätzen be-

stehen die in kreisrunde, eiserne Behälter eingebaut sind;
ersterer wird dabei ganz vom Salzwasser, letzterer ganz
vom Kühlwasser umspült.

Eine Gewichtseinheit des vollkommen verflüssigten
Kältemittels tritt in das Regelventil mit dem Wärme-
inhalt W_f ein. Es darf vorausgesetzt werden, daſs sich
W_f bis zum Eintritt in den Refrigerator nicht verändern
würde, wenn nicht bei der ausgeführten Maschine infolge des beträchtlichen Temperaturunterschiedes zwischen
dem Kältemittel und der die Flüssigkeitsleitung um-
gebenden Luft ein Wärmeaustausch entstände, welcher
bis zum Eintritt in den Refrigerator W_f auf W_f' vergröſsert. Im Diagramm erscheint $W_f' — W_f$ als ein
Wärmezufluſs W_{lf}, der für den Effekt der Maschine einen
Kälteverlust bedeutet.

Im Refrigerator flieſst dem verdampfenden Kältemittel aus dem Salzwasser der bedeutendste Wärmestrom
mit der Wärmemenge W_r zu, welche die wirklich nutzbare Kälteleistung der Maschine ergibt und mit »Refrigeratorleistung« bezeichnet werden kann.

Zwischen Refrigerator und Kompressor mündet ein
kleiner Nebenfluſs ein, der dem Wärmestrom aus der
Luft durch die Saugleitung eine Wärmemenge W_{ls} zu-
führt, wobei W_{ls} als weiterer Kälteverlust anzusehen ist.

In dem Kompressor wird die zur Hebung der Ge-
samtwärme auf ein höheres Temperaturniveau erforder-
liche Arbeit eingeleitet, deren Wärmeäquivalent W_a ebenfalls als ein beträchtlicher Wärmezufluſs im Bild erscheint.

Während dieser Wärmehebung flieſst aber infolge
der Undichtheit der Abschluſsteile und des Wärmeaustausches der Zylinderwandungen eine gewisse Wärmemenge W_k vom höheren Temperaturniveau auf das tiefere
zurück, wodurch ein Effektverlust verursacht wird. Hinter
dem Kompressor beginnt nun der Abfluſs der aufgenom-
menen Wärme zwischen Kompressor und Kondensator

durch die Druckleitung aus dem Kältemittel an die um-
gebende Luft in einer Menge W_{ld}. Der Hauptwärme-
strom aber ergiefst sich mit der Wärmemenge W_c aus
dem Kondensator in das Kühlwasser und wird von diesem
fortgeführt. Die Wärmemenge W_c wird mit »Konden-
satorleistung« bezeichnet. Ein kleiner Wärmerest, die
Flüssigkeitswärme W_f, bleibt im Kältemittel unvermeid-
lich zurück und fliefst dem Regelventil fast unverändert
wieder zu, da zwischen der Luft und dem Kältemittel
in der Flüssigkeitsleitung gewöhnlich kein beträchtlicher
Temperaturunterschied vorhanden ist. Aus dem Sankey-
Diagramm ergibt sich mit den angeführten Bezeichnungen
ohne weiteres die Wärmebilanz, indem die algebraische
Summe aller von und nach aufsen zu- und abgeführten
Wärmemengen 0 sein mufs. Wärmebilanz:

$$W_{lf} + W_r + W_{ls} + W_a = W_{ld} + W_c.$$

Über dem Maschinenschema sind die Drucklinien
Fig. 2 in der Weise eingezeichnet worden, dafs über
die Ein- und Austrittsstelle der Hauptbestandteile die
Drücke mafsstäblich als Ordinaten aufgetragen und die
Endpunkte derselben durch Linienzüge verbunden worden sind. Den Abszissen kann dabei folgende Bedeutung
zuerkannt werden:

> vom Regelventil zum Kondensator bzw. Refrigerator
> 　= Länge der Flüssigkeitsleitung;
> vom Eintritt bis zum Austritt des Refrigerators bzw.
> 　des Kondensators = eine Spiralenlänge;
> vom Refrigerator bzw. Kondensator bis zum Kom-
> 　pressor = Länge der Saug- bzw. Druckleitung;
> über dem Kompressor = Länge des Kolbenhubes.

Dieses Drucklinienbild spiegelt nun den inneren ge-
schlossenen Druckverlauf in allen Hauptteilen der Maschine
sehr deutlich wieder. Man erkennt den Einflufs der
Strömungswiderstände in den Leitungen, Apparaten und
Ventilen, und über dem Kolbenhub erscheint das voll-

ständige Indikator-Diagramm, wenn man noch die dem
schädlichen Raum entsprechende Expansionslinie ein-
punktiert.

Im Temperaturlinienbilde (Fig. 3) haben die Abszissen
dieselbe Bedeutung wie im Drucklinienbilde, und als Ordinaten sind mafsstäblich die Temperaturen über den Ein-
und Austrittsstellen der Hauptbestandteile aufgetragen.
Solange sich das Kältemittel im Sättigungszustande befindet, sind durch die im Druckliniendiagramm festge-
legten Drücke auch die zugehörigen Sättigungstempera-
turen gegeben, und zwar ist dies der Fall vom Beginn
der Verflüssigung der Dämpfe im Kondensator bis zum
Beginn der Kompression im Kompressor. Der Verlauf
der Temperaturkurven während der Kompression und
während der Verdrängung der Dämpfe aus dem Kompressor ist abhängig von der spezifischen Dampfmenge
der angesaugten Dämpfe und wird begrenzt durch die
untersten und obersten im Bild angegebenen Linien,
welche der nassen und der trockenen Adiabate des Druck-
liniendiagrammes entsprechen. Erfolgt die Kompression
bei aufserordentlich nassem Kompressorgang also wirklich nach der untersten Grenzkurve, so verlassen die
Dämpfe dabei den Kompressor mit der zum Verdrän-
gungsdruck gehörigen Sättigungstemperatur t_r, welche
auch am Druckrohr fühlbar ist. Erfolgt sie bei vollständig trockenem Kompressorgang nach der obern Grenzkurve, so verlassen die Dämpfe den Kompressor mit der
höchsten Überhitzungstemperatur t_u.

Aus den Diagrammen ausgeführter Maschinen wird
aber später nachgewiesen, dafs auch bei nassem Kompressorgang, wie er im gewöhnlichen Maschinenbetrieb
üblich ist, mit einer mehr oder weniger hohen Überhitzung der Dämpfe bei der Kompression zu rechnen
ist, trotzdem diese am Druckrohr nicht fühlbar wird.

Auch die Temperaturlinien über der Druckleitung
zeigen mit den verschiedenen Überhitzungen verschie-

denen Verlauf. Mit je höherer Temperatur die Dämpfe
in die Druckleitung eintreten, um so gröfser wird der
Wärmeaustausch zwischen dem Kältemittel und der um-
gebenden Luft, und um so mehr Überhitzungswärme wird
schon durch die Druckleitung bis zum Eintritt in den
Kondensator abgeführt.

    Nach Eintritt der Dämpfe in diesen verschwindet
der Rest der Überhitzungswärme schon in den ersten
Windungen der Kondensatorspiralen, worauf die Ver-
flüssigungstemperatur des Kältemittels erreicht wird und
bis zur vollständigen Verflüssigung annähernd erhalten
bleibt. Das nun vollkommen verflüssigte Kältemittel gibt
noch einen Teil seiner Flüssigkeitswärme an das einge-
tretene Kühlwasser ab und verläfst den Kondensator mit
einer Temperatur, die nur wenig höher ist als die des
eintretenden Kühlwassers; diesen Vorgang nennt man
bekanntlieh die »Unterkühlung«.

    Die thermischen Vorgänge im Kondensator, welche
viel verwickelter sind als die im Refrigerator, spiegelt
das Temperaturlinienbild recht deutlich wieder, und man
gewinnt einen noch deutlicheren Einblick in die Art des
Wärmeaustausches in den beiden Apparaten durch die
eingezeichneten Temperaturlinien des Kühlwassers und
des Salzwassers.

Zweiter Abschnitt.

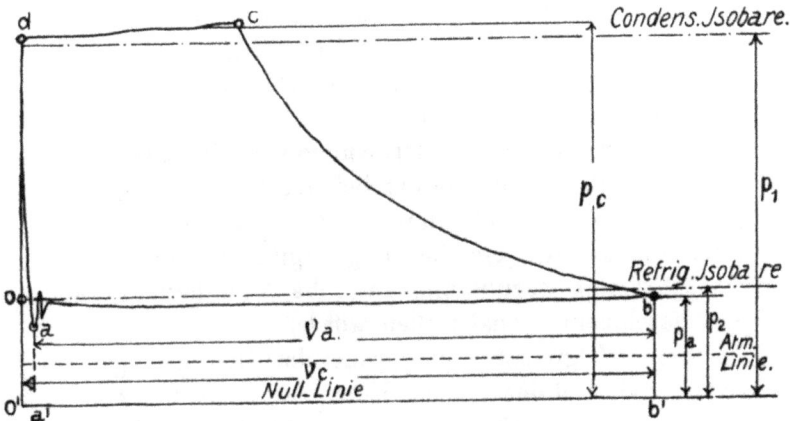

Fig. 4.

Entstehung und Bedeutung der vier Diagramm-
abschnitte.

A. Die Sauglinie »ab«.

Auf dem Wege des Kolbens von a nach b werden aus dem Refrigerator Ammoniakdämpfe angesaugt, welche bei ihrer Entstehung die äquivalente Verdampfungswärme teils der mit höherer Temperatur, als dem Verdampfer-druck entspricht, aus dem Kondensator kommenden Ammoniakflüssigkeit selbst, teils der abzukühlenden Sole entziehen, wobei von den Kälteverlusten der Leitungen abgesehen wird.

Die Kälteleistung der Maschine findet also nur
während dieser Arbeitsperiode statt, so daſs für die Berechnung derselben die Sauglinie allein Anhaltspunkte bietet.

Die Dämpfe können entweder im nassen, trocken-
gesättigten oder überhitzten Zustand in den Kompressor eintreten.

Von der Überhitzung kann ganz abgesehen werden,
da das Bereifen der Rohrleitungen für die Führung und
Kontrolle der Maschine sehr nützlich ist.

Für die beiden anderen Zustände der angesaugten
Dämpfe haben sich nach dem Vorschlage von Lorenz
die Bezeichnungen »trockener und nasser Kompressorgang« eingeführt.

Der erstere ist bei der Ammoniak-Kältemaschine
ohne Überhitzungseinrichtung bei uns nicht üblich, und
zwar mit voller Berechtigung, da einerseits zu hohe
Überhitzung geringere Leistung ergibt und anderseits
die schwierige Regulierung zu hohe Anforderungen an
das Maschinenpersonal stellen würde.

Seit erfolgreicher Einführung der Überhitzungseinrichtung aber ist der trockene Kompressorgang als wesentlich vorteilhafter erkannt worden, und die Regulierung
ist leichter als früher. Es soll nun untersucht werden,
welchen Einfluſs der mehr oder weniger hohe Flüssigkeitsgehalt der angesaugten Dämpfe während der Saugperiode ausübt.

Die unbekannte Gröſse desselben oder, wissenschaftlich ausgedrückt, »die spezifische Dampfmenge« aber ist
es, welche in die exakte Berechnung der Kälteleistung
einen unbequemen und schwierigen Faktor bringt, dessen
Bedeutung jedoch meist überschätzt wird.

In Abschnitt III soll versucht werden, eine möglichst
einfache Formel für die Berechnung der theoretischen
Kälteleistung aus dem Diagramm abzuleiten, welche trotz
verschiedener Vernachlässigungen für die Praxis genügend
genaue Resultate ergibt.

Wie aus dem Diagramm ersichtlich, ist die An-
saugelinie ab annähernd eine Isobare und für gesättigte
Dämpfe auch eine Isotherme, wie sie der Carnotsche
Prozeß erfordert. Infolge der Widerstände der Saugleitung und der Ventile liegt dieselbe jedoch niedriger
als die dem Refrigeratordruck entsprechende Isobare.

In Abschnitt V wird die schädliche Wirkung dieser
Erniedrigung untersucht werden.

Das Ansaugevolumen stellt sich im Diagramm dar
durch die Strecke $a'b'$ und ist, wie ersichtlich, kleiner
als das Zylindervolumen $o'b'$. Das Verhältnis $\dfrac{a'b'}{o'b'}$ kann

als »sichtbarer volumetrischer Wirkungsgrad«

$$= \eta_v$$

des Kompressors bezeichnet werden.

Dieser volumetrische Wirkungsgrad kann demnach
aus jedem Indikatordiagramm direkt ermittelt und für
die Berechnung der Kälteleistung verwertet werden.

Seine Größe ist abhängig, außer von den Zylinderdimensionen, von der Größe des schädlichen Raumes,
von dem Druckverhältnis und von der Regulierung des
Kompressorganges.

Erfahrungswerte von η_v bei gut ausgeführten
Maschinen:

Sehr kleine Maschinen (bis 10000 Kal. Normalleistung)
0,60 bis 0,80.

Mittlere Maschinen (von 10000 bis 50000 Kal. Normalleistung)
0,80 bis 0,90.

Größere Maschinen (von 50000 Kal. Normalleistung an)
0,90 bis 0,98.

B. Kompressionslinie »bc«.

Hält man an der Theorie des nassen Kompressorganges nach Zeuner fest, so müßte die Kompressionskurve mit der Adiabate für nasse Dämpfe identisch sein,
und zwar dies unter der weiteren Bedingung, daß die
spezifische Dampfmenge am Ende der Kompression $= 1$ ist.

Man nahm bisher an, daſs durch entsprechende Ein-
stellung des Regulierventiles dieser Bedingung bei ausgeführten Maschinen genügt werde, und wurde in dieser
Ansicht dadurch bestärkt, daſs die Temperatur der Druckrohre tatsächlich keine Überhitzung erkennen lieſs.

Neuerer Zeit jedoch wurde erkannt, daſs auch bei
nassem Kompressorgang die Kompressionskurve von der
Adiabate für nasse Dämpfe bedeutend abweiche. Es ist
nun für die Untersuchung des Diagramms von groſser
Wichtigkeit, den wirklichen Verlauf der Indikatorkurve
an den abgenommenen Diagrammen kontrollieren zu
können, wozu in folgendem eine bequeme Methode für
praktische Zwecke abgeleitet werden soll.

Für den nassen Kompressorgang berechnen sich nach
Zeuners Theorie die spezifischen Dampfmengen und
Volumina für 1 kg nassen Dampfes der adiabatischen
Druckkurve nach den Gesetzen:

$$\tau_1 + \frac{x_1\, r_1}{T_1} = \tau_2 + \frac{x_2\, \tau_2}{T_2} \quad \ldots \ldots \text{(nach Zeuner)}.$$

$$v_n = \sigma + x\, u \quad \ldots \ldots \text{(nach Zeuner)}.$$

Hiervon ist bei der Berechnung der Tabellen I
und II (Seite 21) für 1 kg Dampf und Flüssigkeits-
gemisch

bei oberen absoluten Temperaturen $= 293^0\,\mathrm{C}$ und $298^0\,\mathrm{C}$
   » unteren   »   » $= 263^0\,\mathrm{C}$ » $258^0\,\mathrm{C}$

Gebrauch gemacht worden; aber immer unter der Voraussetzung, daſs am Ende der Kompression $x_e = 1$ ist;
die Werte von v_n sind in den Tabellen I und II wiedergegeben.

Dieselben wurden dann als Abszissen und die Drücke
als Ordinaten in ein Koordinatensystem aufgetragen in
Fig. 5, deren Schnitte die Punkte der exakten, adiabatischen Kurve für nasse Dämpfe ergeben, welche in der
Folge als »nasse Adiabate« bezeichnet werden soll.

Diese Konstruktion ist aber sehr unbequem, weshalb versucht wurde, die Adiabate durch eine »Polytrope«

$$p \cdot v^{\mu} = \text{Konstans}$$

zu ersetzen.

Nach bekannter Methode läfst sich der Exponent μ annähernd für einen beliebigen Punkt einer gegebenen Kurve aus dem Verhältnis der Tangentenabschnitte durch die Koordinatenachsen ermitteln.

Auf Fig. 5 ist im Punkt 3 eine Tangente an die »nasse Adiabate« gelegt.

Es ist dann $\dfrac{3\,k}{3\,b} = \mu.$

Für alle berechneten Punkte wurde dieses Verhältnis ermittelt und aus den Resultaten das arithmetische Mittel gezogen, wodurch sich

$$\mu = 1,17$$

ergab.

Aus der Gleichung

$$p \cdot v_n^{1,17} = \text{Konstans}$$

wurden nun auch für dieselben Druckintervalle wie oben die spezifischen Volumina berechnet und die erhaltenen Werte in die Tabelle I eingetragen.

Der Vergleich der beiden, aus der Entropiegleichung und der Polytropengleichung berechneten Werte für gleiche Drücke läfst eine gute Übereinstimmung erkennen.

In Tabelle II sind dieselben Berechnungen und Konstruktionen auch für weitere Temperaturgrenzen 298 und 258°C wiedergegeben. Hier variieren beide Werte von v_n schon beträchtlicher, woraus hervorgeht, dafs μ in Wirklichkeit keine Konstante darstellt, sondern von den Druckgrenzen und damit auch von der anfänglichen spezifischen Dampfmenge abhängig ist.

Diese Veränderlichkeit des Exponenten μ fand auch Zeuner bei seinen analogen Untersuchungen der »nassen

Adiabate des Wasserdampfes« ausgedrückt durch eine
Polytrope von der Form $p \cdot v^\mu =$ Konstans (s. Zeuner,
Thermodynamik, 3. Abschnitt, § 10).

Die gröfsten Abweichungen der auf beide Arten ermittelten spezifischen Volumina finden sich bei den
mittleren Drücken und betragen im Maximum 1,3 %.

Für die in Betracht gezogenen Druckgrenzen erscheint der Ersatz der »nassen Adiabate« durch die
Polytrope

$$p \cdot v_n^{1,17} = \text{Konstans}$$

noch zulässig, welche in sehr bequemer Weise nach der
Brauerschen Methode[1]) konstruiert werden kann; für
gröfsere Intervalle jedoch müfste ein anderer Exponent
μ^1 ermittelt und verwendet werden. Für die folgenden
Untersuchungen über den Verlauf der Indikator-Kompressionskurve sind daher nur Diagramme mit obigen
zulässigen Druckgrenzen verwendet worden. In Fig. 5
und 6 sind nun die Konstruktionen dieser Polytropen
in folgender Weise durchgeführt:

Man errichte auf der Abszissenachse in der Ent-
fernung $o\,d = 100$ mm ein Lot $d\,c = 25$ mm und ver-
binde o mit c; dann ist $o\,c$ der Schenkel des Winkels α;
ebenso errichte man auf der Ordinatenachse in der Ent-
fernung $o\,f = 100$ mm ein Lot $f\,l = 30$ mm und ver-
binde o mit l, dann ist $o\,l$ der Schenkel des zugehörigen
Winkels β für die Polytrope

$$p \cdot v_n^{1,17} = \text{Konstans}.$$

Bei gegebenem Anfangsdruck p_a und für die berechnete, anfängliche spezifische Dampfmenge $x_a = 0{,}915$
(Tabelle I, Seite 21) beträgt das Anfangsvolumen

$$v_a = 0{,}915\ u_a + \sigma,$$

wodurch der Punkt a bestimmt ist.

---

[1]) Siehe Brauersche Konstruktion gesetzmäfsiger Expansionskurven von der allgemeinen Form $p\,v^\mu =$ Konstans. Z. d. V. D. I.
1885, Band 29, S. 433 und Zeuner, Thermodynamik, I. Teil, S. 149, § 31.

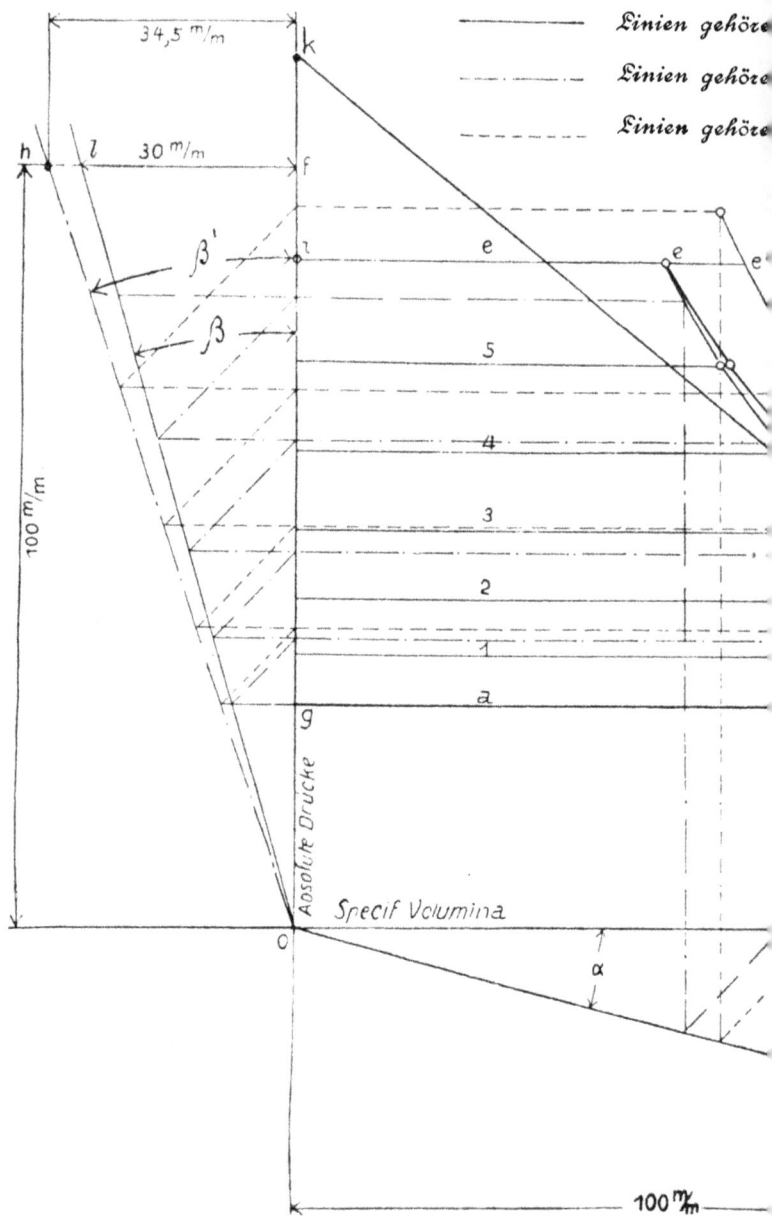

——————— Linien gehöre

——·——·—— Linien gehöre

——————— Linien gehöre

34,5 m/m

k

h   l   30 m/m   f

β'

β

100 m/m

5

4

3

2

1

a

g

Absolute Drucke

Specif Volumina

o

α

e   e   e

100 m/m

Maßstab = 3 Liter = 1 mm;

= 10 mm.

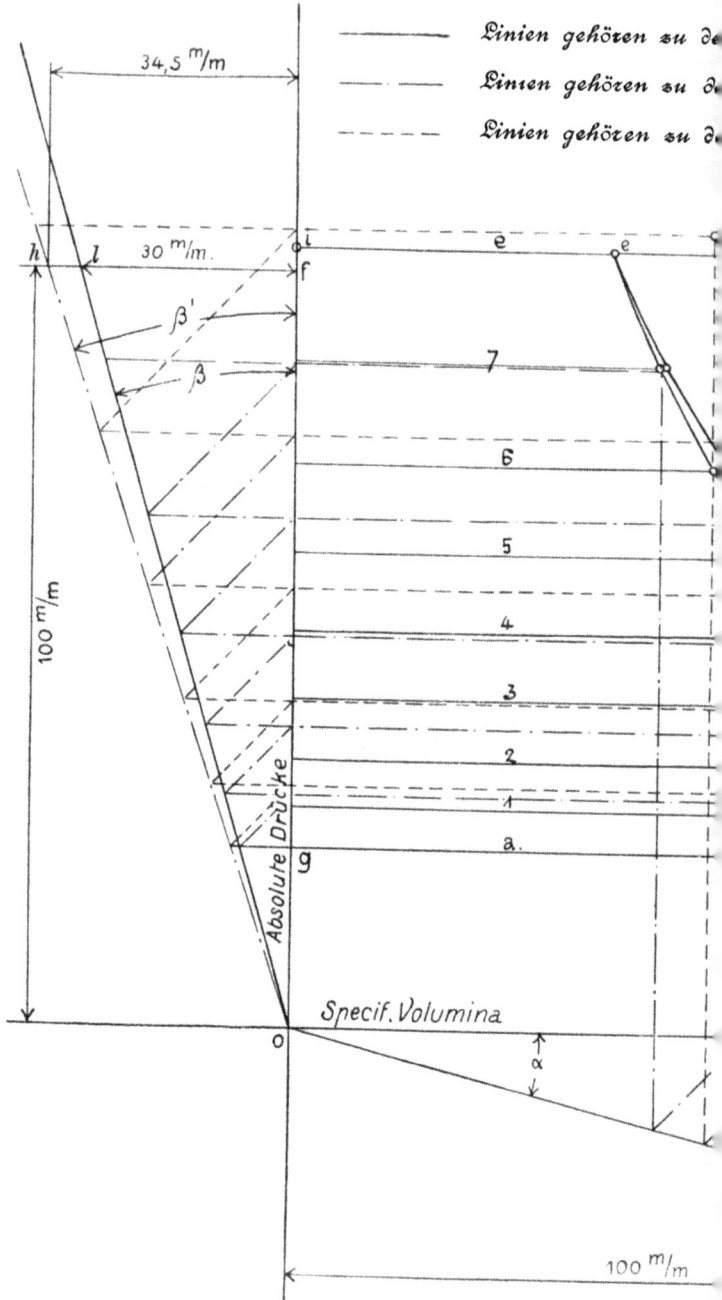

Linien gehören zu d...
Linien gehören zu d...
Linien gehören zu d...

34,5 m/m

30 m/m.

100 m/m

h   l

β'

β

e   e

7

6

5

4

3

2

1

a.

g

Absolute Drücke

Specif. Volumina

o

α

100 m/m

Maßstab = 3 Liter _ 1 mm

struktion der berechneten nassen Adiabate u. d Sättigungskurve.

struktion der nassen Adiabate als Polytrope $p \cdot v_n^{1,17} = $ Konst.

struktion der trockenen Adiabate als Polytrope $p \cdot v_t^{1,32} = $ Konst.

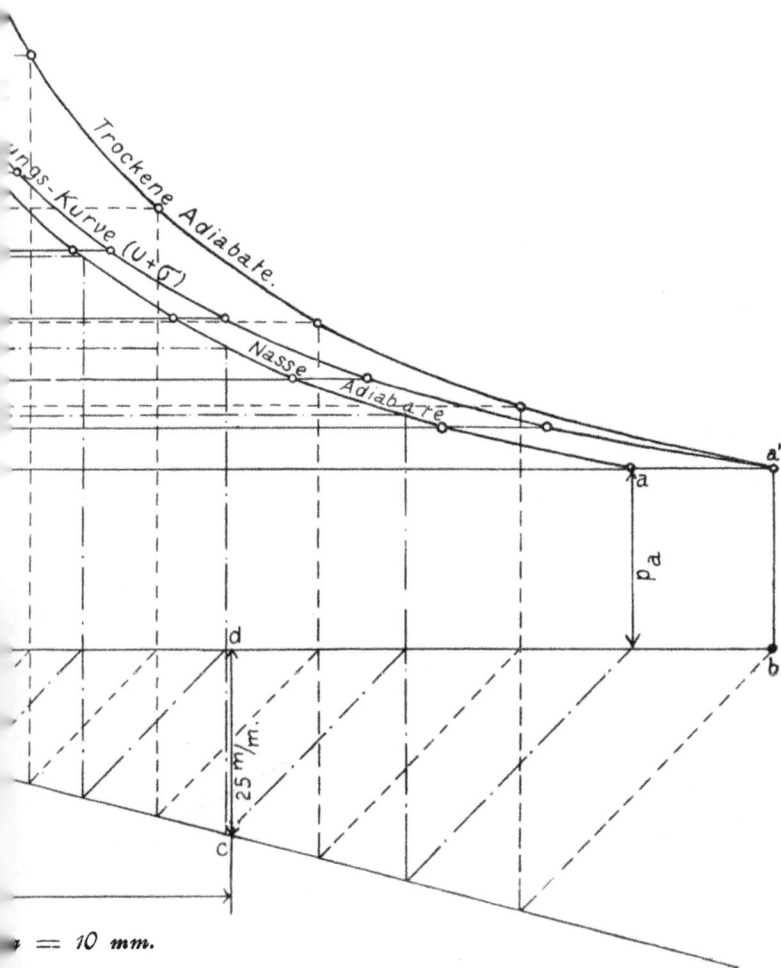

Trockene Adiabate.

ungs-Kurve (u+σ')

Nasse Adiabate

p_a

a'

a

b

d

25 m/m.

c

= 10 mm.

6.

Die strichpunktierten Konstruktionslinien ergeben nun die Punkte dieser polytropischen Kurve.

Wie man sieht, liegen dieselben fast genau auf der »nassen Adiabate« (für welche $x_e = 1$ am Ende der Kompression).

In derselben Weise, aber noch exakter läſst sich die Adiabate für trockene Dämpfe, welche durch die Formel

$$p \cdot v_t^{1,323} = \text{Konstans}$$

gegeben ist[1]), konstruieren, indem das Lot auf der Ordinatenachse $f h = 34^1/_2$ mm aufgetragen wird; damit erhält man den Winkel β' und dessen Schenkel $o h$ zur Konstruktion der Adiabate der trockenen Ammoniakdämpfe, welche in der Folge mit »trockene Adiabate« bezeichnet werden soll. In den Diagrammen Fig. 5 und 6 sind für die anfänglichen spezifischen Dampfmengen

$$x_{a'} = 1$$

der trockenen Adiabate die

spez. Volumina $v_{a'} = u_{a'} + \sigma$

bei den gegebenen Anfangsdrücken p_a, wodurch die Ausgangspunkte a' der Konstruktionen bestimmt sind.

In Fig. 5 sind durch die Adiabaten $a e$ bzw. $a' e'$ und die Linien $i g$, $i e$ bzw. $i' e'$, $g a$ bzw. $g' a'$ nun zwei Diagrammflächen begrenzt, welche die Kompressionsarbeiten für 1 kg Ammoniakdampf darstellen, jedoch unter folgenden Voraussetzungen:

I. Undichtheiten der Kompressororgane seien ausgeschlossen.

---

[1]) Der Exponent $\mu = 1,323$ ist von Zeuner unter der Annahme berechnet, daſs die spez. Wärme bei konstantem Druck $= c_p = 0,50836$ für überhitzte Dämpfe von Ammoniak innerhalb der in der Technik auftretenden Temperaturgrenzen als konstant angenommen werden darf, was die vorliegenden Untersuchungen wiederholt als gerechtfertigt erweisen (siehe Zeuners Thermodynamik 2. Band, S. 31).

II. Schädlicher Raum sei keiner vorhanden (bei der vollkommenen Maschine).

III. Die Zylinderwandungen seien von keinem Einfluß auf den Arbeitsvorgang.

IV. Der nasse Dampf sei ein homogenes Gemisch von Dampf und Flüssigkeit in feinster Verteilung.

Die Flüssigkeits- und Dampfteilchen können nur differentialen Temperaturunterschied besitzen, da jede Überhitzung des Dampfes sofort die Verdampfung einer äquivalenten Flüssigkeitsmenge verursacht, wodurch die Sättigungstemperatur während des Kompressionsvorganges aufrecht erhalten wird.

Durch Planimetrieren beider Diagrammflächen läßt sich der Inhalt bestimmen und ist für

$$F = i\,g\,a\,e = 4580 \text{ qmm}$$
$$F' = i\,g\,a'\,e' = 5380 \text{ qmm}$$
$$\frac{F' - F}{F'} = \frac{700}{5280} = \text{ca. } 13\%.$$

Die Kompressionsarbeit nach der nassen Adiabate ist also um ca. 13% geringer als nach der trockenen.

Sieht man von dem geringen Einfluß der spez. Dampfmenge auf die Flüssigkeitswärme (s. S. 46), welche aus dem Kondensator in den Refrigerator gebracht wird, ab, so ist die Kälteleistung von 1 kg zirkulierenden Ammoniaks beim

nassen Kompressorgang $= 0{,}915 \cdot r - q$

trockenen   » $= r - q$

Die Kälteleistung ist also beim nassen Kompressorgang um $0{,}085 \cdot r$ geringer als beim trockenen.

Man erkennt hieraus, daß der nasse Kompressorgang vorteilhafter wäre als der trockene, wenn obige Voraussetzungen zuträfen. Recht anschaulich stellen sich die Zustandsänderungen während der Kompression nach beiden Adiabaten dar durch Einzeichnen der sogenannten »Sättigungskurve« in die Diagramme (Fig. 5 und 6). Da das Dampfgewicht im Zylinder konstant $= 1$ kg ist, so erhält man für jeden Druck das zugehörige Saugvolumen v_s für $x = 1$ aus

$$v_s = u + \sigma$$

welche Werte in den Tabellen I und II enthalten sind.

Diejenigen Kurvenpunkte, welche links von der Sättigungskurve liegen, charakterisieren nassen, die rechts von derselben überhitzten Zustand des Dampfes.

Das Verhältnis der Volumina, begrenzt durch die nasse Adiabate und durch die Sättigungskurve für dieselbe Ordinate, gibt direkt den Wert der jeweiligen spezifischen Dampfmenge

$$x = \frac{v_n}{v_s}$$

Aus den Volumen v_t, begrenzt durch die trockene Adiabate, und v_s, durch die Sättigungskurve, lassen sich für beliebige Drücke die Überhitzungsgrade t_u berechnen aus der Formel

$$v_t = v_s \cdot \left(1 + \frac{1}{a_p} \cdot t_u\right)$$

Hierin bedeutet $\frac{1}{a_p}$ den Ausdehnungskoeffizienten für überhitzten Ammoniakdampf bei konstantem Druck, welcher leider nur für ähnliche Dämpfe experimentell bestimmt ist, so daß man mit Zeuner auf die hypothetische Bewertung dieses Wertes nach Ledoux

$$\frac{1}{a_p} = 0,0039$$

für atmosphärischen Druck angewiesen ist (Zeuner, Techn. Thermodynamik, 3. Abschnitt § 31).

a_p ist aber keine konstante Größe, sondern, wie für Wasserdampf, durch die Relation ausgedrückt:

$$a_p = \frac{1}{a - \dfrac{C}{B} p^n} \quad (p \text{ in Atm/qm})$$

(Zeuner, Techn. Thermodynamik, 3. Abschnitt § 30).

2*

Hierin ist nach Zeuner, Techn. Thermodynamik, 3. Abschnitt § 31:

$$a = 273; \quad C = 0,084513; \quad B = 0,0050945;$$
$$n = 0,3655.$$

Aus dieser Formel wurde a_p für die Drücke der Tabellen I und II berechnet und eingetragen.

Zur Berechnung von t_u hat man außerdem die bekannte Formel

$$\frac{Ty}{T_2} = \left(\frac{p_1}{p_2}\right)^{0,2442} = \left(\frac{p_1}{p_2}\right)^{\frac{1,323 - 1}{1,323}}$$

welche aus der angenäherten Gleichung der Adiabate für trockenen Dampf sich ergibt.

Wie wenig die mit beiden Formeln berechneten Überhitzungsgrade t_u voneinander abweichen, zeigen die Zusammenstellungen derselben in den Tabellen I und II.

Von beiden Methoden ist in folgendem bei Berechnung der wirklichen Überhitzungstemperaturen am Ende der Kompression aus den Indikatordiagrammen Gebrauch gemacht worden.

Durch vorstehende Untersuchungen wären nun der Verlauf der Indikator-Kompressionskurve und die dadurch dargestellte Zustandsänderung des arbeitenden Mediums eindeutig bestimmt, wenn dieselben bei der ausgeführten Maschine nicht durch Abweichungen der Wirklichkeit von den theoretischen Voraussetzungen unter I bis IV Seite 17 beeinflußt würden.

ad I. Bei gut ausgeführten Maschinen können die Undichtheiten der Kompressionsorgane in so kleinen Grenzen gehalten werden, daß sie bei den vorliegenden Betrachtungen vernachlässigt werden können;

ad II. Ein schädlicher Raum ist zwar immer vorhanden, beeinflußt aber die Kompressionskurve nicht wesentlich.

Tabelle I.

Punkte	Absolute Temp. $273+t$	Absoluter Druck kg/qm	τ Entropie	$\frac{r}{T}$ Entropie	Spez. Dampfmenge z, berechnet aus Entropiegleichung	$v = u + \sigma$ cbm/kg	Volumina v_n resp. v_t berechnet aus:			Überhitzungsgrade $t u$ berechnet aus:		
							$v_n = zu + \sigma$	$p v_n^{1,17}$ = Konst.	$p v_t^{1,898}$ = Konst.	$\frac{T_y}{T_s} = (\frac{p_1}{p_2})^{0,242}$	$t u = (\frac{v_t - v_s}{v_s}) \frac{1}{a}$	a_p
a	263	29 200	— 0,033	1,226	0,915	0,432	0,3954	0,3954	0,432	—	—	—
1	268	35 800	— 0,017	1,192	0,928	0,358	0,3323	0,3322	0,3703	8,5	8,45	247
2	273	43 500	0	1,158	0,940	0,298	0,2802	0,2815	0,3195	16,9	17,2	245
3	278	52 400	+ 0,017	1,124	0,954	0,250	0,2385	0,2401	0,2775	25,5	26,8	243
4	283	62 700	+ 0,033	1,090	0,970	0,211	0,2047	0,2056	0,2420	34,2	35,0	241
5	288	74 500	+ 0,050	1,057	0,980	0,180	0,1764	0,1776	0,2125	42,9	43,0	239
e	293	87 900	+ 0,060	1,023	1,00	0,154	0,1540	0,1542	0,1875	50,9	51,3	237

Tabelle II.

Punkte	Absolute Temp. $273+t$	Absoluter Druck kg/qm	τ Entropie	$\frac{r}{T}$ Entropie	Spez. Dampfmenge z, berechnet aus Entropiegleichung	$v = u + \sigma$ cbm/kg	Volumina v_n resp. v_t berechnet aus:			Überhitzungsgrade $t u$ berechnet aus:		
							$v_n = zu + \sigma$	$p v_n^{1,17}$ = Konst.	$p v_t^{1,898}$ = Konst.	$\frac{T_y}{T_s} = (\frac{p_1}{p_2})^{0,242}$	$t u = (\frac{v_t - v_s}{v_s}) \frac{1}{a}$	a_p
a	258	23 700	— 0,050	1,259	0,891	0,525	0,4679	0,4679	0,525	—	—	—
1	263	29 200	— 0,033	1,226	0,901	0,432	0,3894	0,3925	0,4482	8,4	9,3	249
2	268	35 800	— 0,017	1,192	0,913	0,358	0,3270	0,3290	0,3841	17,3	17,8	247
3	273	43 500	0	1,158	0,925	0,298	0,2758	0,2785	0,3314	26,3	27,4	245
4	278	52 400	+ 0,017	1,124	0,938	0,250	0,2345	0,2375	0,2878	35,1	36,7	243
5	283	62 700	+ 0,033	1,090	0,953	0,211	0,2011	0,2087	0,2512	44,1	45,7	241
6	288	74 500	+ 0,050	1,057	0,967	0,180	0,1751	0,1758	0,2205	53,2	53,7	239
7	293	87 900	+ 0,066	1,023	0,983	0,154	0,1513	0,1526	0,1945	62,3	62,3	237
e	298	103 100	+ 0,083	0,989	1,00	0,132	0,1320	0,1331	0,1724	71,4	72,0	236

ad III. Dafs aber die Wärmeaufnahme- und -abgabe-
fähigkeit der Zyliuderwaudung von erheblichem
Einfluſs auf die Gestaltung der Kompressionskurve sein kann, beweisen die analogen Vorgänge bei der Expansion des Wasserdampfes in
den Dampfmaschinen.

ad IV. Von gröſster Wichtigkeit jedoch ist hier die Er-
kenntnis, ob die Voraussetzung IV bei der ausgeführten Kaltdampfmaschine zutrifft, oder ob
trotz genügenden Flüssigkeitsgehaltes des Gemisches Überhitzung des Dampfes eintreten
kann.

Hierüber können aber nur Indikatordiagramme
Aufschluſs geben, welche an ausgeführten Maschinen bei stark veränderlichem Flüssigkeitsgehalt der angesaugten Dämpfe abgenommen sind.

Solche Diagramme sind in den Serien I und II
(Seite 25 bis 34) zusammeugestellt, von welchen die erste
Diagramme der ›Maschine der Brauerei A. Printz in
Karlsruhe‹, die zweite solche der ›Müuchener Versuchs-
maschinen‹ enthält.

Mit Hilfe der oben ermittelten Konstruktionsmethode
lassen sich die nasse und die trockene Adiabate in jedes
Indikatordiagramm ohne Schwierigkeit einzeichnen; nur
ist dabei zu berücksichtigen, daſs das Ansaugevolumen
= Zylindervolumen, also für beide Adiabaten dasselbe ist.

Beim Studium des Dampfmaschinenprozesses benutzt
man zu ähnlichen Zwecken die ›Sättigungskurve‹, welche
auch für die Kaltdampfmaschine die Zustandsänderungen
im Diagramm vorzüglich veranschaulichen würde, wenn
das Gewicht des angesaugten Dampfgemisches pro Hub
genau berechnet werden könnte. Hierzu fehlt jedoch
die Kenntnis des wichtigsten Faktors, nämlich der spezifischen Dampfmenge am Anfang der Kompression.

Berechnet man aber für geeignete Diagramme die anfängliche spezifische Dampfmenge aus der Entropiegleichung für den Fall, daſs dieselbe am Ende der Kompression gleich 1 ist, so scheidet man aus der unbekannten, angesaugten Flüssigkeitsmenge diejenige aus, welche nach der Zeunerschen Theorie (dargestellt durch die nasse Adiabate) während der Kompression allein zur Verdampfung gelangen könnte, wenn die Zylinderwandungen keine Wärme abgeben. Die allenfalls überschüssige Flüssigkeitsmenge kann infolge der Kleinheit ihres Volumens vernachlässigt werden. Unter diesen Voraussetzungen wurden die Sättigungskurven bei den Diagrammen Serie I, Perioden II und III, S. 26 und 27, für welche obige Annahmen am zutreffendsten erscheinen, eingezeichnet und zum Studium der Kompressionskurve verwendet. Ferner wurden die Überhitzungstemperaturen t_η am Ende der trockenen Adiabate nach der Formel

$$\frac{T_\eta}{T_a} = \left(\frac{p_c}{p_a}\right)^{0,2442}$$

berechnet.

Es ist $t_\eta = T_\eta - 273$.

Mit Hilfe der Formel

$$\frac{v_1 - v'}{v'} \cdot a_p = d$$

wobei v_1 das Endvolumen der trockenen Adiabate und v' dasjenige der Indikatorkurve bezeichnet, berechnet sich der Unterschied beider Endtemperaturen $= d$ und man erhält die wirkliche Endtemperatur im Diagramm $= t_\eta'$ aus

$$t_y' = t_y - d$$

(aber immer unter der Voraussetzung, daſs die Zylinderwandungen keinen wesentlichen Einfluſs ausüben).

Die mittlere Druckrohrtemperatur, welche für Serie I auſsen am Druckrohr, also immerhin nicht sehr genau gemessen werden konnte, ist mit t_m bezeichnet, die Sättigungstemperatur zum Kondensatordruck mit t_1.

Man erkennt die relative Gröfse des Flüssigkeitsgehaltes der angesaugten Dämpfe:

1. an dem Unterschied der Temperatur der Druckrohre $= t_m'$ am Kompressor gegenüber derjenigen
   im Kondensator $= t_1$ (letztere am Manometer
   abgelesen);
2. an dem Verlauf der Expansionskurve »d a« (Diagramm Fig. 4);
3. an dem Unterschied der Temperaturen t_y' und t_m.

ad 1. Geringer Unterschied läfst auf grofsen Flüssigkeitsgehalt, grofser Unterschied auf geringen
Flüssigkeitsgehalt schliefsen.

ad 2. Je gröfser der Flüssigkeitsgehalt im Zylinder,
um so flacher verläuft die Expansionskurve;
bei aufsergewöhnlich hohem Flüssigkeitsgehalt
machen sich aufserdem eigentümliche Haken
bemerkbar (s. Diagramm Serie I, Periode I).

ad 3. Solange t_y' gröfser ist als t_m, ist auch nach vollendeter Kompression noch Flüssigkeit im Zylinder
vorhanden, welche teilweise während des Ver-
drängens der Dämpfe verdampft und dieselben
dadurch abkühlt.

Betrachten wir nun unter diesen Gesichtspunkten
die beiden Diagrammserien I und II:

Serie I.

Die Diagramme Periode I bis V wurden an der Ammoniak-Kältemaschine von ca. 150000 Kalorien Normalleistung in der Brauerei Printz in Karlsruhe vom Verfasser abgenommen, wobei die Temperatur der Druckrohre sukzessive gesteigert und gemessen wurde. Die
Diagramme der Periode VI stammen von einer anderen
Maschine von annähernd gleicher Gröfse.

Periode I.

Die Temperatur der Druckrohre ist identisch mit der
Sättigungstemperatur im Kondensator; die Gestalt der

Expansionskurve, besonders die charakteristischen Haken derselben indizieren aufserordentlich hohen Flüssigkeitsgehalt; die Indikatorkurve fällt mit der nassen Adiabate ziemlich genau zusammen.

Serie I.
Periode I.

$tm = 23$; $t_1 = 23$.

Federmassstab = 1 kg. = 6 $^{m}/m$.

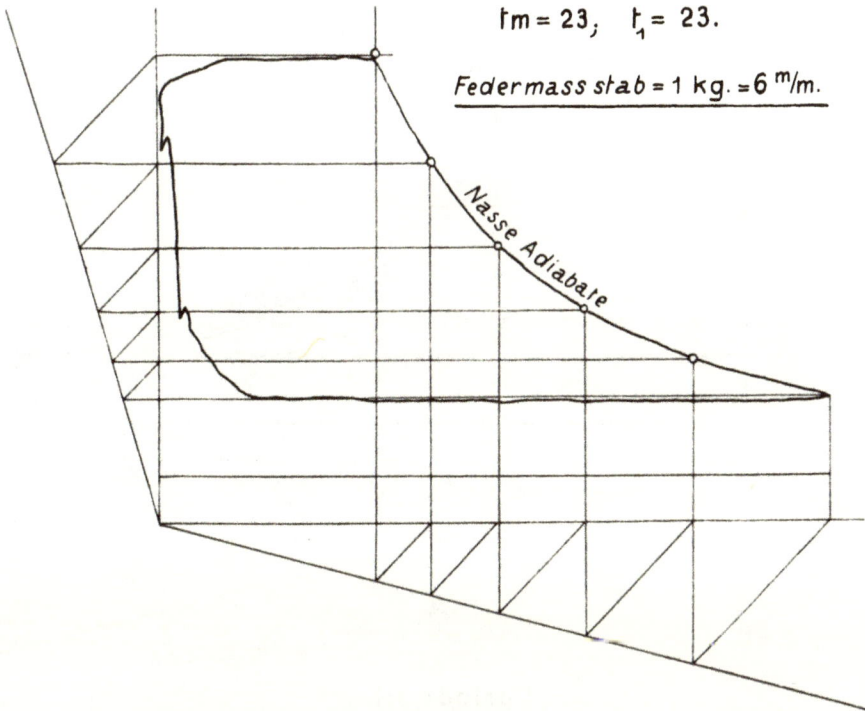

Nasse Adiabate

Periode II.

Die Gleichheit der Manometer- und Druckrohrtemperatur charakterisiert immer noch einen relativ grofsen Flüssigkeitsgehalt im Zylinder, aber der Verlauf der Expansionslinie zeigt, dafs derselbe doch viel geringer ist als vorher. $t_y' - t_m = 42^0\,C =$ Abkühlung während der Verdrängungsperiode. Die Indikatorkurve schmiegt sich viel mehr an die trockene als an die nasse Adiabate an.

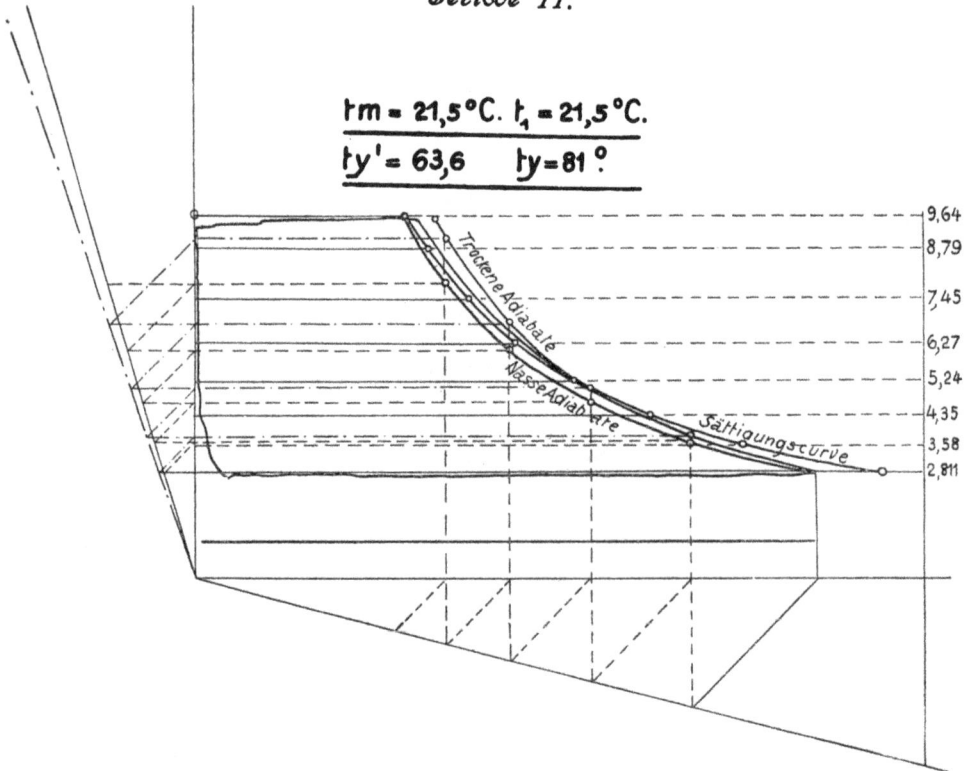

Periode II.

Periode III.

$t_m - t_1 = 6{,}5\,^0\,C$ läfst bereits Überhitzung fühlbar werden; der Einfluſs des schädlichen Raumes vermindert sich entsprechend.

$$t_v{}' - t_m = 33\,^0\,C.$$

Der Verlauf der Indikatorkurve unterscheidet sich wenig von dem vorigen.

Periode III.

Federmaßstab $= 1\ kg = 4,98\ mm.$

tm = 28°C. t_1 = 21,5°C.

ty' = 61,4   ty = 75,5°

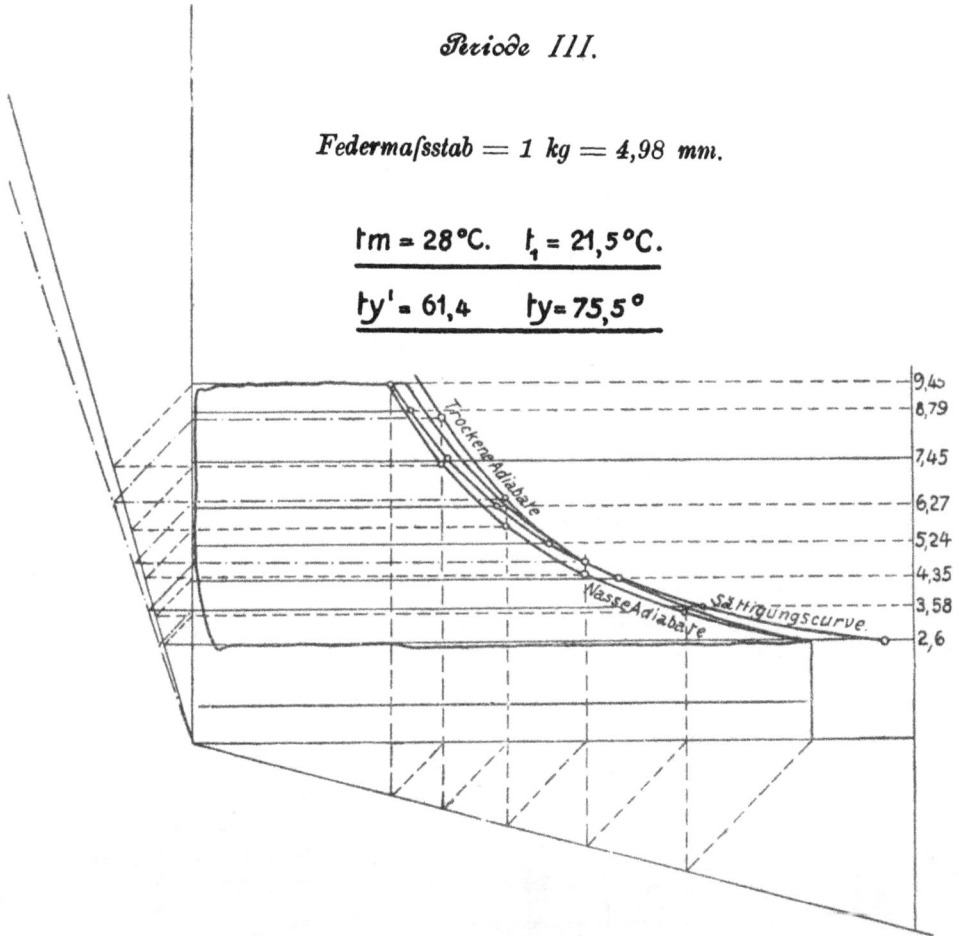

Periode IV.

$t_m - t_1 = 15,5°\,C$; die fühlbare Überhitzung wird stärker.

$$t_y' - t_m = 33°\,C.$$

Die Abweichung der Indikatorkurve von der trockenen Adiabate wird geringer.

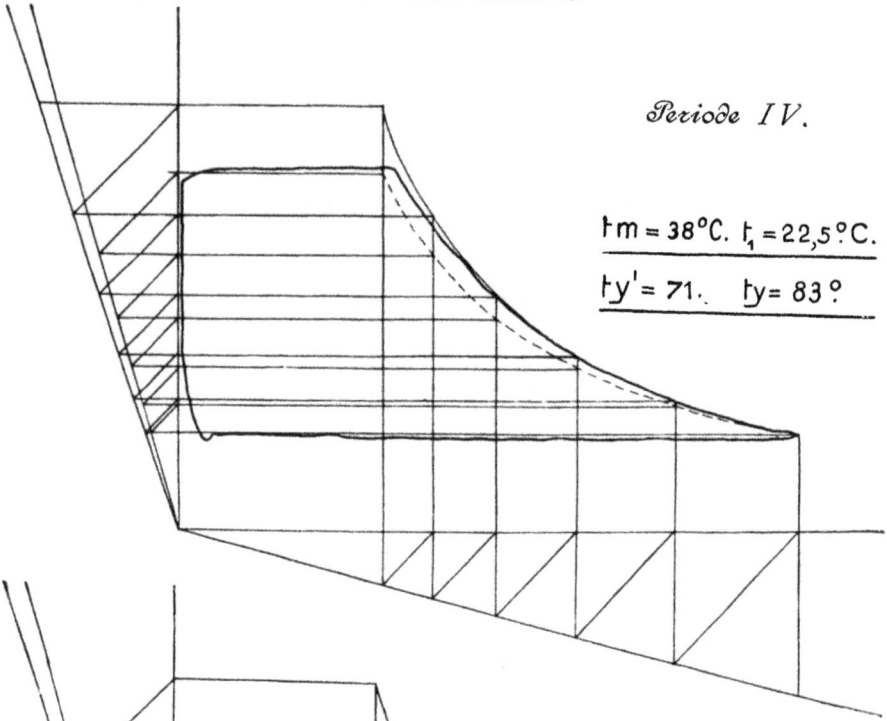

Periode IV.

$tm = 38°C.$ $t_1 = 22,5°C.$

$ty' = 71.$ $ty = 83°$

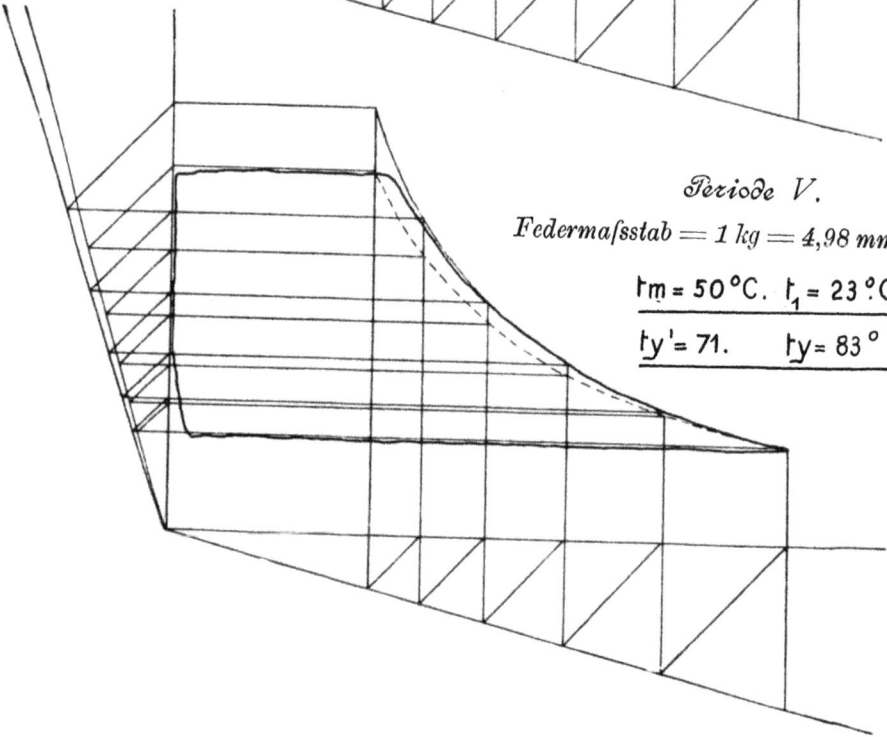

Periode V.

Federmaſsstab = 1 kg = 4,98 mm.

$tm = 50°C.$ $t_1 = 23°C.$

$ty' = 71.$ $ty = 83°$

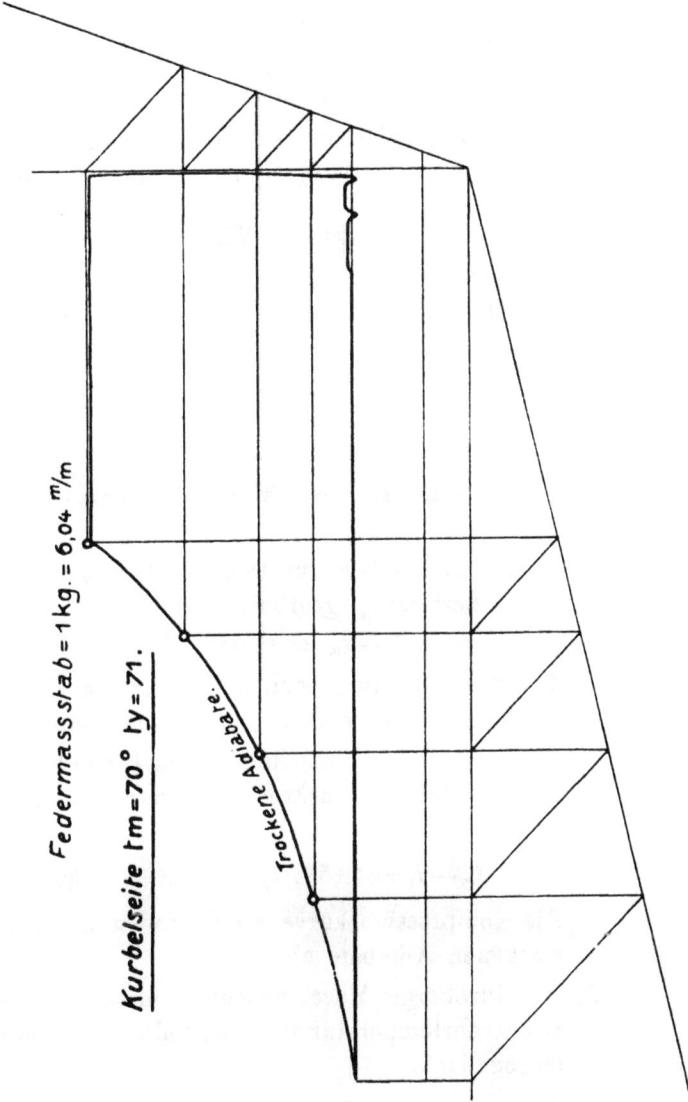

Periode VI.

Federmassstab = 1 kg. = 6,04 m/m

Kurbelseite tm=70° ty=71.

Trockene Adiabate.

Periode V.

$t_m - t_1 = 27^0$ C; die fühlbare Überhitzung ist noch mehr gesteigert.

$$t_{y}' - t_m = 21^0 \text{ C}.$$

Der Verlauf der Kompressions- und Expansionskurven weicht wenig von demjenigen der vorigen Periode ab.

Periode VI.

Die aufserordentlich hohe Druckrohrtemperatur indiziert sehr trockenen Kompressorgang, und die Indikatorkurve fällt tatsächlich mit der trockenen Adiabate vollständig zusammen. $t_{y}' - t_m$ ca. 0^0 C.

Serie II.

Die Diagramme sind den Münchener Versuchen entnommen:

1. Mit der Linde-Maschine 1890 wurde fast ohne fühlbare Überhitzung gearbeitet.

$$t_{y}' - t_m = 41{,}5^0 \text{ C}.$$

Trotzdem schmiegt sich auch hier die Kompressionskurve der trockenen Adiabate ziemlich an.

2. Bei den zweiten Versuchen an der Linde-Maschine 1893 wurde eine Druckrohrtemperatur von ca. 40^0 C eingehalten.

$$t_m - t_1 = 18{,}5^0; \quad t_{y}' - t_m = 32{,}5^0 \text{ C}.$$

Die Kompressionskurve weicht nur wenig von der trockenen Adiabate ab.

3. Die Nürnberger Maschine wurde auf nahezu gleiche Druckrohrtemperatur wie die Linde-Maschine 1893 einreguliert.

$$t_m - t_1 = 20{,}5^0; \quad t_{y}' - t_m = 17{,}6^0 \text{ C}.$$

Die Kompressionskurve zeigt ähnlichen Verlauf wie diejenige der Linde-Maschine.

Serie II.

Maschine Linde, 1890. Einf. Fläche. Soole temp. - 2 - 5 °C.

t_m = ? t_1 = 21,5 °C.

t_y' = 63. t_y = 76.°

Cond. Jsobare.

Δp_c = 0,15 kg.

Δp_2 = 0,14 ,,

Refrig. Jsobare.

b

p_a = 2,8 kg.

a'

d'   b'

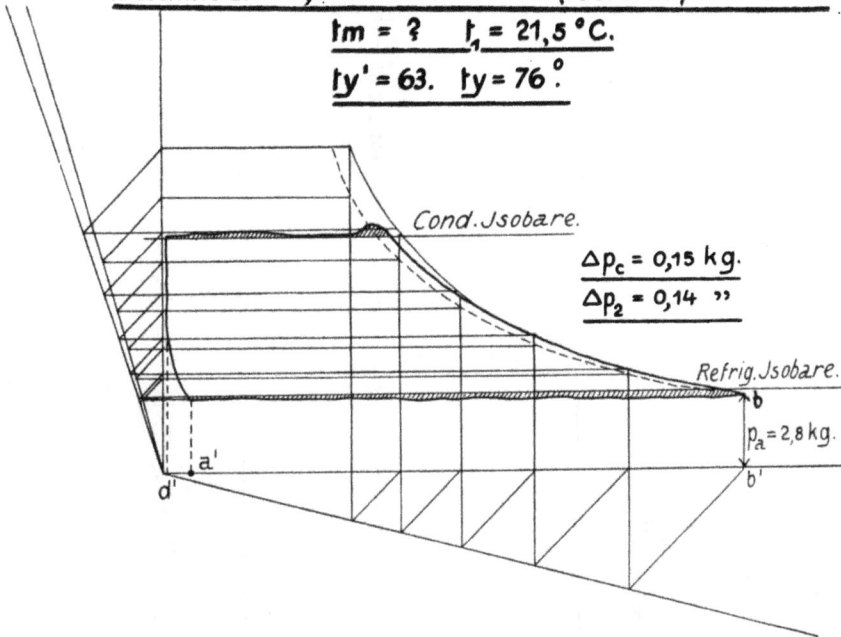

4. Die Seyboth-Maschine arbeitete mit viel höherer Überhitzung wie die beiden anderen Maschinen. Die Druckrohrtemperatur betrug ca. 67°C.

$$t_m - t_1 = 46°; \quad t_y' - t_m = 0°\,C.$$

Die fühlbare Überhitzung am Druckrohr stimmt also mit der Überhitzung am Ende der Kompression überein, es verdampft daher während der Verdrängung keine Flüssigkeit mehr. Die Kompressionslinie weicht sehr wenig von der trockenen Adiabate ab; die Expansionslinie fällt steil ab; der volumetrische Wirkungsgrad ist gröfser als derjenige anderer Maschinen.

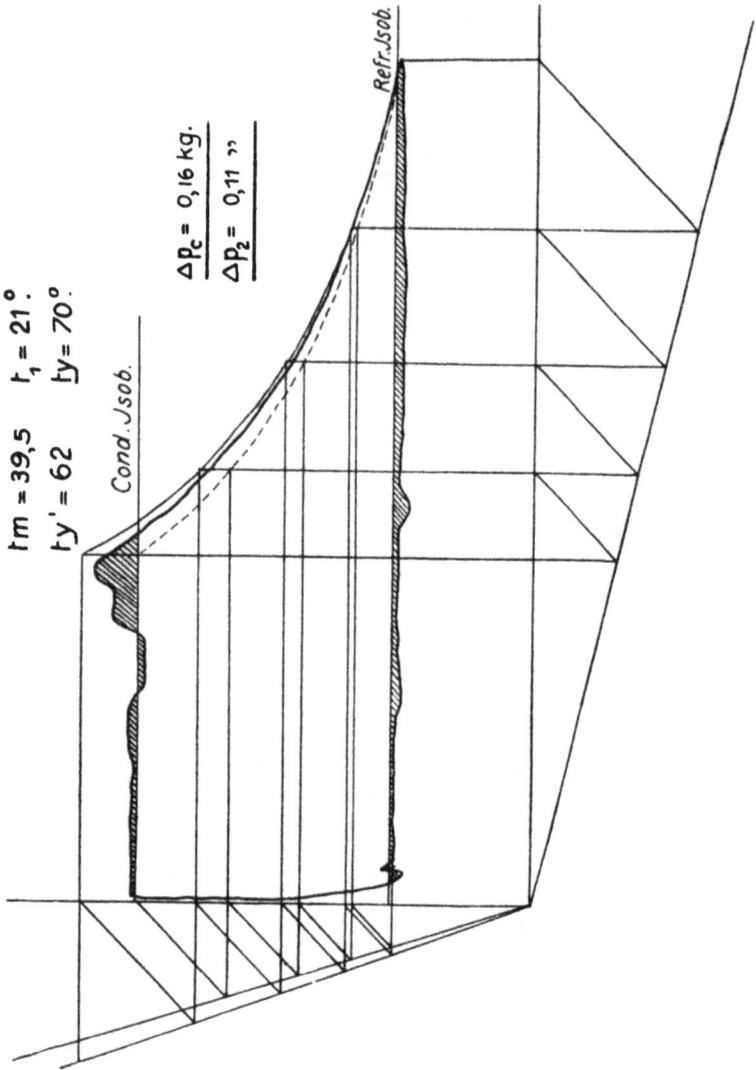

Maschine Linde, 1893. Einf. Fläche. Soole temperat.⁻ -2 -5° C.

$t_m = 39,5$ $t_1 = 21°$.

$t_{y'} = 62$ $t_y = 70°$.

$$\frac{\Delta p_c = 0,16\,kg.}{\Delta p_2 = 0,11\ ,,}$$

Cond. Jsob.

Refr. Jsob.

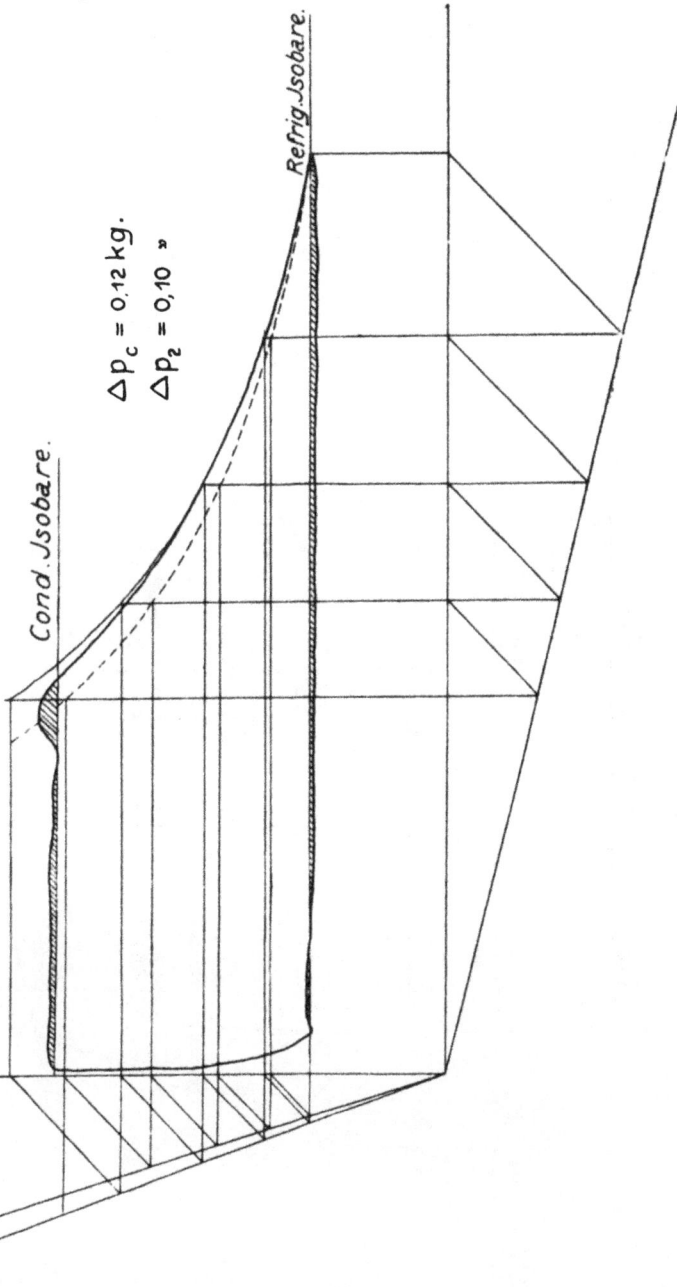

Maschine Nürnberg 1892. Einf. Fläche. Sooletemper. -2-5 °Cels.

$t_m = 41,0°\,C.$ $t_1 = 21,5.$
$t_{y'} = 58,6.$ $t_y = 68°$

$\Delta p_c = 0.12\,kg.$
$\Delta p_2 = 0,10\,»$

Refrig. Jsobare.

Cond. Jsobare.

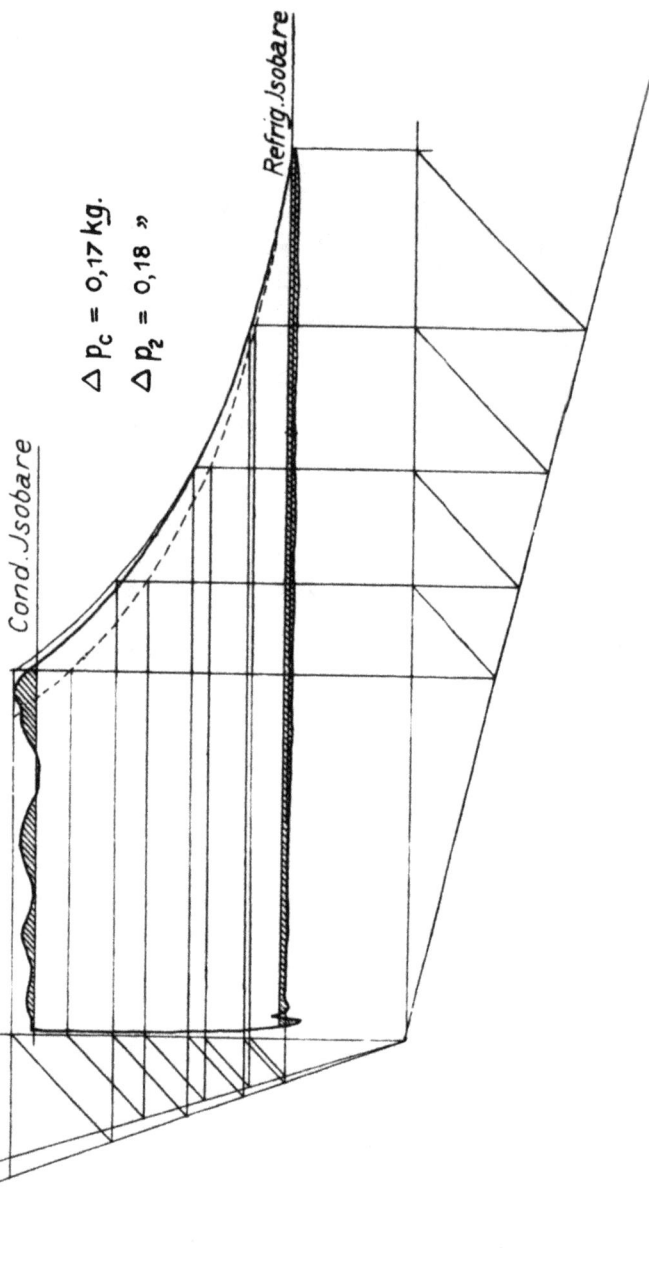

Maschine Seyboth 1892. *Einf. Fläche. Sooletemp.* -2 -5° Cel.ˢ

$t_m = 67{,}0°C.$ $t_1 = 21{,}0°C.$

$t'_y = 67$ $t_y = 73.°$

$\triangle p_c = 0{,}17\,kg.$

$\triangle p_2 = 0{,}18\;$ »

Cond.Jsobare

Refrig.Jsobare

Aus diesen Untersuchungen geht hervor, daſs bei
sehr nassem Kompressorgang tatsächlich die Indikatorkurve mit der nassen Adiabate zusammenfällt, wodurch
der experimentelle Beweis gegeben ist für die Richtigkeit deren Konstruktion und des Exponenten $\mu = 1{,}17$
sowie der Zeunerschen Theorie der Zustandsänderung
nasser Dämpfe; allerdings mit der Einschränkung, daſs
der anfängliche Flüssigkeitsgehalt viel gröſser sein muſs
als der unter der Annahme einer spezifischen Dampfmenge am Ende der Kompression $= 1$ berechnete.

Aus der Abkühlung während der Verdrängung $t'_y - t_m$
und aus der Expansionslinie in den Diagrammen Serie I
und II ist ersichtlich, daſs auch nach vollendeter Kompression noch eine beträchtliche Menge Flüssigkeit im
Zylinder enthalten ist, welche teils verdampft, teils im
schädlichen Raume zurückbleibt; hierdurch wird der volumetrische Wirkungsgrad bedeutend (bis 0,8) verringert,
und werden, wie im Abschnitt IV gezeigt wird, die Verluste im Kompressor so sehr erhöht, daſs die Kälteverluste den Arbeitsgewinn weit überwiegen, weshalb
sehr nasser Kompressorgang als unzulässig und unöko-
nomisch bezeichnet werden muſs.

Sobald aber die spezifische Dampfmenge beim An-
saugen gröſser und der volumetrische Wirkungsgrad besser
wird, weicht die Indikatorkurve von der nassen Adiabate
mehr und mehr ab und nähert sich der trockenen; selbst
bei Druckrohrtemperaturen, welche noch keine fühlbare
Überhitzung erkennen lassen, tritt dies deutlich hervor,
ja bis zur Hälfte ihres Verlaufes fällt hier die Indikatorkurve schon mit der trockenen Adiabate zusammen,
und erst in der zweiten Hälfte weicht sie merklich
davon ab.

Bei dem für Maschinen ohne Überhitzungseinrichtung
als vorteilhaft erkannten und in der Praxis üblichen
Kompressorgang mit mäſsiger Überhitzung (20—30° C)
sind die Abweichungen von der trockenen Adiabate schon

so unbedeutend, dafs sie für die folgenden Betrachtungen und Berechnungen vernachlässigt werden können.

Bei dem Diagramm Serie I, Periode VI, mit vollkommener Überhitzung ist die Indikatorkurve mit der trockenen Adiabate identisch, ein Beweis wieder für die Richtigkeit der Konstruktion und insbesondere des Exponenten 1,323.

Die in die Diagramme Serie I, Periode II und III, eingezeichneten Sättigungskurven wurden, dem früher erläuterten Verfahren entsprechend, für die anfänglichen Dampfmengen x_a am Anfang und $x_e = 1$ am Ende der Kompression konstruiert; die zugehörigen Berechnungen sind auf Seite 36 wiedergegeben.

Diese Kurven schneiden die Indikatorkurven ungefähr in denselben Punkten wie die trockene Adiabate. Bis dahin wäre demnach der Dampf nafs, von da ab überhitzt. Die nasse Adiabate indiziert aber für die Indikatorkurve auch im unteren Teile bereits Überhitzung. In den Schnittpunkten der Indikator- und der Sättigungskurven selbst müfste der Dampf gerade trocken gesättigt sein, so dafs die Indikatorkurve nach der trockenen Adiabate weiter verlaufen müfste, während sie sich hier wieder mehr der nassen Adiabate nähert. Für den von der theoretischen Erwartung abweichenden Verlauf der Indikatorkurve ergeben sich nun folgende zwei Erklärungen:

1. In der ersten Periode der Kompression verdampft Flüssigkeit an den warmen Zylinderwandungen, und in der zweiten Periode schlägt sich an den kälteren Wandungen Dampf nieder.
2. In der ersten Periode genügt die Temperaturdifferenz zwischen Flüssigkeits- und Dampfteilchen bei der aufserordentlichen Kleinheit des Flüssigkeitsvolumens zum Wärmeaustausch nicht, und erst in der zweiten Periode ist diese Temperaturdifferenz grofs genug, um die teilweise Verdampfung der Flüssigkeit zu bewirken.

Man könnte nun mit einer grofsen Wahrscheinlich-
keit auf eine Kombination beider Einflüsse schliefsen;
berücksichtigt man jedoch das Zusammenfallen der Indikatorkurve mit der nassen Adiabate bei sehr nassem
Kompressorgang und mit der trockenen Adiabate bei
sehr trockenem Kompressorgang, so ergibt sich, dafs der
Einflufs der Zylinderwandungen nicht sehr bedeutend
sein kann und die zweite Erklärung zutreffender erscheint.

Die Überhitzung der Dämpfe bei nassem Kompressorgang hat schon Lorenz konstatiert und dieselbe damit
zu erklären versucht, dafs die Flüssigkeit im Zylinder
sich vom Dampfe trennt und an der Zustandsänderung
während der Kompression keinen Anteil nimmt.

Aus den Betrachtungen des folgenden Abschnittes II
bezüglich der Rolle, welche der Flüssigkeitsgehalt der
Dämpfe spielt, scheint dem Verfasser die zweite Erklärung
dieser Überhitzung am wahrscheinlichsten.

Schlufsfolgerung:
Der von der Führung des Kompressorganges in praktischen Grenzen beinahe un-
abhängige Verlauf der Indikatorkurve ermöglicht die kritische Untersuchung derselben
in den Diagrammen durch Einzeichnen der
trockenen Adiabate nach oben beschriebener
Weise, wenn die Diagramme mit hohen Druckrohrtemperaturen abgenommen werden; die
nasse Adiabate ist dabei ganz entbehrlich.[1])

Von grofsem Werte ist ferner diese Charakterisierung
der Kompressionskurve für trockenen und nassen Kompressorgang als trockene Adiabate auch für die Berech-

---

[1]) Die zeichnerische Behandlung der Diagramme nach dieser
Methode erfordert grofse Sorgfalt. Die benutzten Hilfsmittel müssen
auf ihre Genauigkeit geprüft werden, insbesondere die Winkel von
90 und 45°, da kleine Abweichungen schon unzuverlässige Kurven
ergeben.

nung der indizierten Kompressorarbeit aus den gegebenen höchsten und niedrigsten Drücken des Diagramms, welche in Abschnitt II durchgeführt wird.

Berechnungen zur Konstruktion der Sättigungskurven in die Diagramme der Serie I, Perioden II und III.

Zylinderdurchmesser . . . . 325 mm
Kolbenhub . . . . 540 mm
Schädlicher Raum . . . . ca. 0,2 %
Hubvolumen (Deckels.) . . . . . 44,8 l
Zylinderinhalt (Deckels.) . . . . . 45,7 l
Federmafsstab 1 kg = ... 4,98 mm
     Diagrammafsstab:
Periode II 1 l = ... 1,886 mm
Periode III 1 l = ... 1,9 mm

Periode II.

Sättigungsvolumen pro 1 kg . . v_a 0,451 cbm
Druck am Anfang der Kompression p_a 2,811 kg/qcm
Druck am Ende der Kompression p_c 9,64   kg/qcm.

Berechnung der spezifischen Dampfmenge:

$$\tau_a + x_a \cdot \frac{r_a}{T_a} = \tau_c + \frac{r_c}{T_c}$$
$$-0,037 + x_a \cdot 1,233 = 0,0755 + 1,004.$$

(Die Zahlenwerte sind den Mollierschen Tabellen entnommen.)

$$x_a = 0,905.$$

Volumen von 1 kg des Gemisches am Anfang der Kompression:

$$v_a = 0,905 \cdot (0,451 - 0,0016) + 0,0016$$
$$v_a = 0,406 \text{ cbm}.$$

Dampfgewicht im Zylinder, welches nach der Theorie am Arbeitsprozefs teilnehmen kann:

$$G = \frac{0,045}{0,406} = 0,1110 \text{ kg}.$$

Druck in kg/qcm $= p =$	2,811	3,58	4,35	5,24	6,27	7,45	8,79	9,64
Ordinate mm $= p \cdot 4{,}98$ mm	14	17,8	21,6	26,1	31,2	37,1	43,8	48
Sättigungsvolum. von 1 kg V Liter	451	358	298	250	211	180	154	141
Sättigungsvolumen V des Zylinderinhaltes $= v \cdot$ 0,111 = ...	50,0	39,8	33,1	27,7	23,4	20,0	17,1	15,6
Abszissen $= v \cdot 1{,}886$ mm .	94,5	75	62,5	52,2	44	37,7	32,1	29,4

Periode III.

Druck am Anfang der Kompression p_a 2,61 kg/qcm
Druck am Ende der Kompression p_e 9,43 kg/qcm.

Berechnung der spezifischen Dampfmenge:

$$- 0{,}0426 + x_a \cdot 1{,}2446 = 0{,}0731 + 1{,}0087$$
$$x_a = 0{,}9035.$$

Volumen von 1 kg des Gemisches am Anfang der Kompression:

$$v_a = 0{,}9035\ (0{,}485 - 0{,}0016) - 0{,}016 = 0{,}4383\ \text{cbm}.$$

Dampfgewicht im Zylinder (welches nach der Theorie am Arbeitsprozeſs teilnehmen kann):

$$G = \frac{0{,}0457}{0{,}4383} \ldots\ 0{,}1043\ \text{kg}.$$

Druck in kg/qcm $= p$ . .	2,6	3,58	4,35	5,24	6,27	7,45	8,79	9,45
Ordinate $= p \cdot 4{,}98$ mm .	13	17,8	21,6	26,1	31,2	37	43,8	47
Sättigungsvol. von 1 kg v	486	358	298	250	211	180	154	144,0
Sättigungsvolumen V des Zylinderinhaltes $= v \cdot$ 0,1043	50,7	37,3	31,1	26,1	22,0	18,8	16,1	15,0
Abszisse $= v \cdot 1{,}9$ mm . .	96,3	70,8	59,0	49,5	41,8	35,7	30,5	28,5

C. Die Drucklinie »cd«.

Während dieser Periode des Kreisprozesses werden die nun komprimierten Dämpfe unter annähernd gleichem Drucke in den Kondensator befördert, wo sie sich unter

Einwirkung des Kühlwassers wieder verflüssigen und die gesamte von *a* bis *d* aufgenommene Wärme abgeben (vgl. Fig. 1).

Die Linie »*cd*« ist also, wie aus dem Diagramm ersichtlich, annähernd eine Isobare; weiter unten wird man sehen, ob sie auch eine Isotherme ist.

Der im Diagramm gegebene Druck während des Hinausschiebens der Dämpfe im Zylinder ist um die Widerstände der Druckventile und der Druckleitung höher als der Druck p_1 im Kondensator, woraus eine Arbeitserhöhung resultiert, welche im Abschnitt V näher erläutert werden wird.

Aus der Untersuchung der Indikatorkurve »*bc*« ging hervor, daß während der Kompression von *b* nach *c* wahrscheinlich nur ein sehr geringer Teil der Flüssigkeit verdampft, so daß auch während des Hinausschiebens der Dämpfe von *c* nach *d* noch solche im Zylinder sich befindet. Lorenz nimmt nun in seiner neuen Theorie des nassen Kompressorganges an, daß durch die innige Mischung von Dampf und Flüssigkeit während des Durchganges durch das Druckventil eine Verdampfung der letzteren eintritt und dadurch die tatsächlich eintretende Ermäßigung der Druckrohrtemperatur hervorgerufen wird.

Nach der auf Seite 36 unter 2. begründeten Hypothese des Verfassers findet diese Erscheinung darin ihre Erklärung, daß während der ganzen Druckperiode »*cd*« zwischen der Flüssigkeit und dem Dampfe die höchste Temperaturdifferenz vorhanden ist, wobei die Dämpfe schon im Zylinder selbst abgekühlt werden. Während sie im Punkte *c* die höchste Temperatur besitzen, welche im Kreisprozesse überhaupt auftritt, nähert sich letztere auf dem Wege von *c* nach *d* infolge der verdampfenden Flüssigkeit immer mehr der dem Kondensatordruck entsprechenden Sättigungstemperatur, wobei die Überhitzungswärme teilweise in Verdampfungswärme überführt

und die fühlbare Überhitzung am Druckrohr geringer
wird.

Die Linie »cd« ist also keine Isotherme.

D. Die Expansionslinie »da«.

Der Abschnitt »da« (vergl. Fig. 4) des Indikatordiagramms stellt keineswegs die adiabatische Expansionskurve des Carnotschen Kreisprozesses dar, da bekanntlich die Praxis den Expansions- oder Speisezylinder durch
das Regulierventil ersetzt. Zeuner hat den resultierenden Leitungsverlust in seiner Theorie der Kaltdampfmaschinen ausführlich rechnerisch abgeleitet, während
Linde in seiner Abhandlung »Die Kältemaschinen von
heute«[1]) zu denselben Resultaten auf einfachere und an-
schaulichere Weise gelangte.

Die Linie *da* des Diagramms aber entsteht durch
die Expansion des im schädlichen Raume des Zylinders
zurückbleibenden Gemisches von Dampf und Flüssigkeit.

Beim Rückgange des Kolbens expandiert der Dampf
und verflüchtigt sich teilweise die Flüssigkeit.

Beim langsam oder schlecht schließendem Druckventil könnten auch Dämpfe aus dem Kondensator zurück-
treten und den Verlauf dieser Kurve beeinflussen. Derselbe ist also durch mehrere, nicht berechenbare Faktoren
bedingt, jedoch erkennt man an dem mehr oder weniger
raschen Druckabfall, welche relative Mengen von Flüssigkeit im schädlichen Raume geblieben sind, da die
trockenen Dämpfe bei der außerordentlichen Gering-
fügigkeit des schädlichen Raumes eine fast senkrecht
abfallende Linie erzeugen.

Der Einfluß der Flüssigkeit macht sich erst im
unteren Teile dieser Linie bemerkbar, und zwar dann
erst, wenn die Temperatur der Flüssigkeit die jeweilige

---

[1]) Zeitschrift für die gesamte Kälte-Industrie.

Siedetemperatur genügend überwiegt, um deren Verdampfung einzuleiten.

Die Richtigkeit dieser Anschauung erkennt man deutlich in dem Diagramm Serie I, Periode I, an den eigentümlichen Haken der Expansionskurven.

Einen Teil der zur Verdampfung nötigen Wärme enthält die Flüssigkeit selbst, während der andere Teil ihr von den Zylinder- und Kolbenflächen mitgeteilt wird. Kann nun diese Wärmemitteilung auf dem Wege von c nach d nicht rasch genug erfolgen, so wird der Rest der Flüssigkeit während der Saugperiode nachverdampfen, wodurch aufser der Verkleinerung des volumetrischen Wirkungsgrades ein weiterer Leistungsverlust durch den schädlichen Raum verursacht wird.

Dritter Abschnitt.

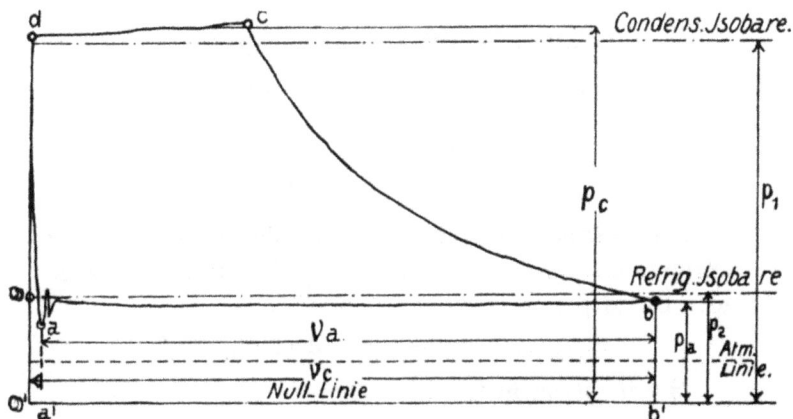

Fig. 7.

I. Berechnung der indizierten Kälteleistung für beliebige spezifische Dampfmengen x_a aus der Sauglinie des Diagramms.

Liegt das auf Fig. 7 abgebildete Diagramm einer ausgeführten Kaltdampfmaschine vor und sind Federmaſsstab, Zylinderdimensionen und Tourenzahl bekannt, so sind in demselben folgende Werte dargestellt:

1. das Zylindervolumen durch die Strecke $o'b' = V_c$,
2. das durch die Expansion aus dem schädlichen Raume verringerte Ansaugevolumen $= a'b' = V_a$,
3. der absolute Druck am Ende des Ansaugens durch die Ordinate $b'b = p_a$.

Wenn zunächst von den inneren Verlusten des Kompressors abgesehen wird, so füllt sich das Volumen V_a während des Kolbenhubes mit einem Gemisch von Dampf und Flüssigkeit, dessen Zustand durch die Einführung der spezifischen Dampfmenge x_a gekennzeichnet wird.

Unter Beibehaltung der von Zeuner gewählten Bezeichnungen läßt sich das Volumen v_a von 1 kg des Gemisches beim Drucke p_a ausdrücken durch

$$v_a = x_a \cdot u_a + \sigma$$

(wobei σ als konstant $= 0{,}0016$ cbm angenommen wird).

Das Gewicht G_a des angesaugten Volumens pro Hub ist also

$$G_a = \frac{V_a}{v_a} = \frac{V_a}{x_a \cdot u_a + \sigma}.$$

Die Wärmeaufnahme von 1 kg des Gemisches im Refrigerator, also die Kälteleistung W, berechnet sich nach Linde[1]):

$$W = r_2 \cdot x_a - (q' - q_2) - A\sigma(\cdot p_1 - p_2).$$

Hierin bezeichnet ferner

p_2 den Sättigungsdruck im Refrigerator,
r_2 die Verdampfungswärme im Refrigerator,
q_2 die Flüssigkeitswärme im Refrigerator,
q' die Flüssigkeitswärme vor dem Regelventil,
$(q' - q_2) = q$,
p_1 den Sättigungsdruck im Kondensator.

Für das angesaugte Dampfgewicht G_a ist also die äquivalente Kälteleistung

$$W = \frac{V_a}{x_a \cdot u_a + \sigma} [r_2 x_a - (q' - q_2) - A\sigma(p_1 - p_2)].$$

Der Wert dieses Ausdruckes bleibt unverändert, wenn man den ersten Faktor mit x_a multipliziert und den

---

[1]) ›Über die Kältemaschinen von heute‹, Z. f. d. g. K. 1897.

zweiten durch x_a dividiert, wodurch man ihn in folgender
Form erhält:

$$W = \frac{V_a}{u + \dfrac{\sigma}{x_a}} \left[r_2 - \frac{1}{x_a} q - \frac{\sigma}{x_a} \cdot A\,(p_1 - p_2) \right]$$

oder

$$W = \frac{V_a}{\left(u + \sigma + \dfrac{\sigma}{x_a}(1-x_a)\right)} \left[r_2 - \frac{1}{x_a} q - \frac{\sigma}{x_a} \cdot A\,(p_1 - p_2) \right].$$

Prüft man den Wert $\dfrac{\sigma}{x_a}$ auf seine Größe, so ergibt sich ein verschwindender Einfluß auf W, denn x_a
ist für normalen Kompressorgang keinesfalls kleiner als
0,8, und für das Flüssigkeitsvolumen σ darf ein konstanter Wert = 0,0016 cbm eingesetzt werden.

Auf Seite 48 ist der Fehler, welcher durch Vernachlässigung der beiden Glieder mit den Faktoren $\dfrac{\sigma}{x_a}$
entsteht, beispielsweise berechnet, wodurch sich die Vernachlässigung als vollständig berechtigt erweist; die Kälteleistung pro Hub drückt sich daher durch die verein-
fachte Formel aus:

$$W = \frac{V}{u + \sigma} \left(r_2 - \frac{1}{x_a} \cdot q\right),$$

oder, da $u + \sigma$ eingangs mit v_a bezeichnet wurde,

$$W = \frac{V_a}{v_a} \left(r_2 - \frac{1}{x_a} \cdot q\right).$$

Die theoretische Kälteleistung pro 1 Stunde für eine
Tourenzahl $= n$ der vollkommenen Maschine berechnet
sich nun aus dem Diagramm nach dem Vorhergehenden
aus der Gleichung

$$W_i = 2 \cdot 60 \cdot n \cdot \frac{V_a}{v_a} \cdot \left(r_2 - \frac{1}{x_a} \cdot q\right).$$

Mit Einführung des volumetrischen Wirkungsgrades η_v ist $\qquad V_a = \eta_v \cdot V_c$ und

$$\boldsymbol{W_i = 120 \cdot n \cdot \eta_v \cdot \frac{V_c}{v_a} \left(r_2 - \frac{1}{x_a} \cdot q\right).}$$

W_i ist diejenige Kälteleistung einer ausgeführten
Maschine, welche unter Berücksichtigung des Verlustes
durch den schädlichen Raum, aber unter Ausschluſs
irgendwelcher anderer Verluste aus dem Saugdruck des
Diagramms sich berechnen läſst, also gleichsam eine durch
das Diagramm »indizierte Kälteleistung«, welche
Bezeichnung in der Folge beibehalten werden soll.

In obiger Formel tritt der Einfluſs der spezifischen
Dampfmenge der angesaugten Dämpfe deutlich hervor;
er beschränkt sich auf die Gröſse der vom Kondensator
in den Refrigerator überführten Flüssigkeitswärme und
ist sehr gering.

Wie nachfolgende Tabelle lehrt, weicht der Klammerausdruck der Gleichung für die in der Praxis vorkom-
menden Temperaturen, wobei x_a für mäſsige Überhitzungstemperaturen der Druckrohre zu 0,95 angenommen werden kann, nur wenig von dem Werte 300 ab, weshalb
man mit genügender Genauigkeit auch von nachstehender Formel Gebrauch machen kann; es ist dies um so
mehr zulässig, als die Annahme der spezifischen Dampfmenge immerhin eine willkürliche ist und auch die Zahlenwerte für die Flüssigkeits- und Verdampfungswärme nur
berechnet und nicht experimentell bestimmt sind.

$$W_i = 36\,000 \cdot n \cdot \eta_v \cdot \frac{V_c}{v_a}.$$

Bei den in der Tabelle III berücksichtigten Refri-
geratortemperaturen von 0 bis — 20° C betragen die Abweichungen von 300 kaum mehr als 1 %.

Tabelle III.

t_2	0	— 5	— 10	— 15	— 20	angenommen
r_2	316,1	319,4	322,3	324,9	327,2	
q_2	0	—4,47	8,83	13,13	-17,34	$x_a = 0{,}95$
$r_2 - \dfrac{1}{x_a}(q'-q_2)$	304	302	300,5	299	297	$t' = 12{,}5°$ C $q' = 11{,}5$ Kal.

v_a kann nachstehender Tabelle entnommen werden, welche durch Interpolation aus den von Mollier gegebenen Werten berechnet ist:

Tabelle IV.

Druck . . p_a	4,35	4,19	4,04	3,88	3,73	3,58	3,45	3,32	3,18	3,05	2,92
Temperatur t_a	0	-1	-2	-3	-4	-5	-6	-7	-8	-9	-10
v_a in Liter .	298	310	322	324	346	358	373	388	402	418	432
Druck . . p_a	2,92	2,18	2,70	2,59	2,48	2,37	2,27	2,18	2,09	1,99	1,90
Temperatur t_a	-10	-11	-12	-13	-14	-15	-16	-17	-18	-19	-20
v_v in Liter .	432	450	469	488	506	525	549	573	598	622	646

Beispiel.

Entnommen dem »Münchener Versuche 1890, Maschine Linde«. Versuch II.

Gegeben aus dem Versuchsbericht:

Tourenzahl . . . . = n = 45,1 p. min.

Temperatur im Verdampfer . . . . = t_2 = $-9,77°$ C

Druck im Kondensator pro 1 qcm . . = p_1 =   9,24 kg

Druck im Refrigerator pro 1 qcm . . = p_2 =   2,95 kg

Zylindervolumen im Mittel . . . . = V_c = 20,2 l

Aus dem Diagramm, Serie II:

Durch die Ordinate $b\,b'$ absoluter Druck = p_a =   2,8 kg/qcm

Angenommen:

Temperatur vor dem Regulierventil . = t' = $+10°$ C

Aus den Dampftabellen entnommen:

Spezifisches Volumen . . . . = v_a =   0,452 cbm

Flüssigkeitswärme vor dem Regulier-
ventil bei t' . . . . = q' = $+9,17$ Kal.

Flüssigkeitswärme im Verdampfer . . = q_1 = $-8,6$ »

Verdampfungswärme für p_2 . . . . = r_2 = 322,2 »

Berechnet:

Spezifische Dampfmenge beim An-
saugen (aus der Entropiegleichung
berechnet) . . . . = x_a =   0,91

$q_1 - q_2 = + 9,17 + 8,6°$ C . . . . = q = $+17,77°$ C.

Ansaugevolumen $V_a = 20,2 \cdot \dfrac{b'\ a'}{b'\ d'}$

$$= 20,2 \cdot \frac{75,5}{79} = 20,2 \cdot 0,96\ \mathrm{l} \cdot = V_a = 19,4\ \mathrm{l}.$$

Nach der Gleichung ist:

$$W_i = \frac{V_a}{(u + \sigma) + \dfrac{\sigma}{x_a}(1 - x_a)}\left[r_2 - \frac{1}{x_a}\cdot q - \frac{1}{x_a}\right.$$
$$\left. \cdot \frac{0{,}0016}{424}(p_1 - p_2)\right] \text{ Kal.}$$

$$W_i = \frac{19{,}4}{452 + \dfrac{0{,}0016}{0{,}91}\cdot 0{,}09}\left[322{,}2 - \frac{1}{0{,}91}\cdot 17{,}77 - \frac{1}{0{,}91}\right.$$
$$\left. \cdot \frac{0{,}0016}{424}(9240 - 2950)\right] \text{ Kal.}$$

$$W_i = \frac{19{,}4}{452 + 0{,}0001575}(322{,}2 - 19{,}6 - 0{,}00116) \text{ Kal.}$$

Der Summand 0,0001575 ist im Vergleich zu 452 so verschwindend klein, dafs seine Vernachlässigung vollständig gerechtfertigt ist; damit wird

$$W_i = 12{,}9871 - 0{,}00116 \text{ Kal.}$$

Durch Weglassen des zweiten Gliedes der rechten Seite der Formel würde der Fehler $= \dfrac{0{,}00116 \cdot 100}{12{,}9871} = $ ca. 0,01 %, so dafs auch dieses Glied mit Fug und Recht vernachlässigt werden kann.

Die indizierte Leistung pro Hub ist also

$$W_i = 12{,}9871 \text{ Kal.}$$

Bei 45,1 Touren pro Minute ist dieselbe pro Stunde

$$W_i = 12{,}9871 \cdot 2 \cdot 45{,}1 \cdot 60 \text{ Kal.} = 70\,250 \text{ Kal.}$$

Durch den Versuch wurde aber eine effektive Kälteleistung von nur

$$W_e = 58\,110 \text{ Kal. ermittelt.}$$

$$\frac{W_e}{W_i} = \frac{58\,110}{70\,250} = 0{,}830 \text{ stellt einen Wirkungsgrad des}$$
Kompressors dar, welcher in der Folge mit

indizierter Wirkungsgrad $= \eta_i$

bezeichnet werden soll (siehe Abschnitt III).

II. Berechnung der indizierten Arbeit aus dem Diagramm.

Nachdem in Abschnitt II erkannt wurde, daſs die Kompressionskurve beim Arbeiten mit mäſsig warmen Druckrohren mit der trockenen Adiabate nahezu identisch ist, vereinfacht sich die Berechnung des Flächeninhaltes des Diagramms, welcher die indizierte Arbeit darstellt, auſserordentlich. Die Gleichung der trockenen Adiabate ist für Ammoniak bekannt und lautet:

$$p \cdot v^{1,32} = \text{Konstans.}$$

Nach den hier zutreffenden Ableitungen von Lorenz[1]) berechnet sich die indizierte Kompressorarbeit pro 1 kg des zirkulierenden Mediums nach der Gleichung (mit $k = 1{,}32$)

$$L_i = \frac{k}{k-1} \cdot p_a \, v_a \left[\left(\frac{p_c}{p_a} \right)^{\frac{k-1}{k}} - 1 \right].$$

Für das Diagramm einer ausgeführten Kaltdampfmaschine ist nun statt des Volumens von 1 kg des angesaugten Kältemediums das gegebene Zylindervolumen V_c in cbm zu setzen.

Führen wir ferner für den Ansaugedruck, wie früher, die Bezeichnung p_a in kg/qm und für den Druck während des Hinausschiebens der Dämpfe aus dem Kompressor die Bezeichnung p_c in kg/qm ein, so schreibt sich die entsprechende Gleichung folgendermaſsen:

Indizierte Arbeit in m/kg pro 1 Kolbenhub:

$$L_i = \frac{k}{k-1} \cdot p_a \cdot V_c \left[\left(\frac{p_c}{p_a} \right)^{\frac{k-1}{k}} - 1 \right].$$

und hieraus ergibt sich die indizierte Kompressorarbeit bei n Umdrehungen pro Minute in Pferdestärken:

$$N_i = \frac{2 \cdot n}{60 \cdot 75} \cdot \frac{k}{k-1} \cdot p_a \cdot V_c \left[\left(\frac{p_c}{p_a} \right)^{\frac{k-1}{k}} - 1 \right].$$

---

[1]) Z. f. d. g. Kälte-Industrie, IV. Jahrgang 1897.

Es ist nun

$$\frac{k}{k-1} = 4{,}12$$

und

$$\frac{k-1}{k} = 0{,}242,$$

damit wird

$$N_i = 0{,}0018 \cdot n \cdot p_a \cdot V_c \underbrace{\left[\left(\frac{p_c}{p_a}\right)^{0,242} - 1\right]}_{=\,a}.$$

Die Anwendung der Formel wird durch den Klammerausdruck »a«, welcher logarithmisch berechnet werden müßte, erschwert, aber durch Benutzung nachstehender Tabelle V sehr erleichtert:

Tabelle V.

$\frac{p_c}{p_a}$	8	7,5	7	6,5	6	5,5	5	4,5	4	3,5	3	2,5	2
$a =$	0,65	0,63	0,6	0,57	0,54	0,51	0,48	0,44	0,4	0,35	0,3	0,25	0,2

Wenn für eine ausgeführte Maschine die oberste und unterste Druckgrenze im Diagramm bekannt sind, so läßt sich daher für das gegebene Zylindervolumen die indizierte Kompressorarbeit ohne weiteres berechnen. Dabei ist allerdings eine ideale Gestalt des Diagramms und insbesondere eine senkrecht abfallende Expansionslinie vorausgesetzt.

Wie nahe jedoch die so berechneten Werte mit der Wirklichkeit übereinstimmen, geht aus der Zusammenstellung auf Seite 51 hervor.

Wie aus Tabelle V ersichtlich, ist für normale Betriebsverhältnisse, für welche $\frac{p_c}{p_a}$ zwischen 2,5 und 4,6 liegt, der Wert a annähernd $0{,}1 \cdot \frac{p_c}{p_a}$. Setzt man nun in der Gleichung $N_i = 0{,}0018 \cdot n \cdot p_a \cdot V_c \cdot a$ diesen Annäherungswert für a ein, so erhält man $N_i = 0{,}00018 \cdot n \cdot p_c \cdot V_c$.

Diese Annäherungsformel zeigt, daſs die indizierte Kompressorarbeit fast unabhängig vom Saugdruck, dagegen direkt proportional dem Verdrängungs- bzw. Kondensatordruck ist. Zur Überschlagsrechnung des Kraftverbrauches der Kompressoren leistet die Formel sehr gute Dienste.

Berechnung der indizierten Kompressorarbeiten.

Versuchsmaschinen		Linde		Seyboth	Nürnberg
Versuchsjahr		1890	1893	1892	1892
Mittleres Zylindervolumen	V_c cbm	0,02020	0,02028	0,02064	0,02061
Tourenzahl pro Min. .	n	54,1	42,63	43,79	46,68
Mittl. abs. Druck am Ende des Ansaugens	p_a kg/qm	28 100	31 800	28 600	29 800
Mittl. abs. Druck beim Hinausschieben . .	p_c kg/qm	93 900	92 400	92 600	93 800
Nach genauer Formel berechnete indiziert. Kompr.-Arbeit . .	N_2	15,55	14,55	15,3	16,5
Nachgewiesene indiz. Kompr.-Arbeit . .	N_2	15,2	14,49	15,35	16,47
Nach Annäherungsformel berechnete indiz. Kompr.-Arbeit .	N_2	15,4	14,4	15,1	16,3

Vierter Abschnitt.

Indizierter Wirkungsgrad.

Der Wirkungsgrad einer » Wärmekraftmaschine« wird in der Thermodynamik unter Zugrundelegung des Carnot-schen Prozesses für die vollkommene Maschine ausgedrückt durch die Formel:

$$\frac{A \cdot L_i}{Q_1} = \frac{T_1 - T_2}{T_1}$$

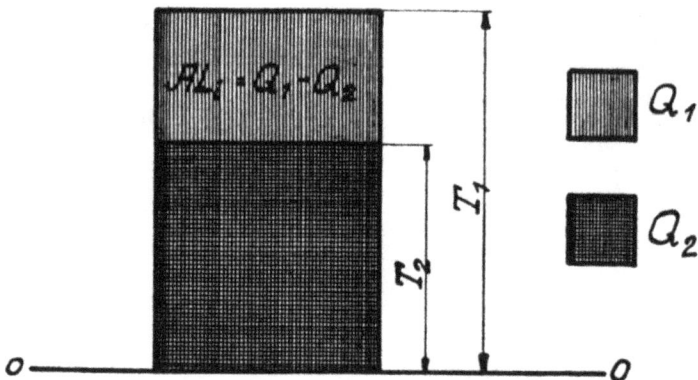

und am besten durch das obenstehende Entropiediagramm veranschaulicht. Q_1 ist dabei die bei der höchsten Temperatur T_1 zugeführte Wärme. Für die ausgeführte Maschine ist aber für den Gesamtwirkungsgrad η, nicht wie oben, die indizierte, sondern die effektive Arbeit maßsgebend, so daſs

$$\eta = \frac{A \cdot L_e}{Q_1} = \frac{\text{Wärmeäquivalent der effektiven Arbeit}}{\text{Absoluter Heizwert des Brennmaterials}}.$$

Um die Unvollkommenheiten der Maschine hervortreten zu lassen, zerlegt man η in drei Faktoren: η_1, η_2, η_3, welche sich folgendermaſsen definieren lassen:

$$\eta_1 = \frac{\text{von dem arbeitenden Körper aufgenommene Wärme}}{\text{Heizwert des Brennmaterials}}$$
$$= \text{Wirkungsgrad der Feuerung und Wärmezufuhr.}$$

$$\eta_2 = \frac{\text{Wärmeäquivalent der indizierten Arbeit}}{\text{von dem arbeitenden Körper aufgenommene Wärme}}$$
$$= \text{Wirkungsgrad des Systems} = \text{»Thermischer Wirkungsgrad«.}$$

$$\eta_3 = \frac{\text{effektive Arbeit}}{\text{indizierte Arbeit}} = \text{»Mechanischer Wirkungsgrad«.}$$

Kehrt man den Prozeſs der »Wärmekraftmaschine« um, so erhält man denjenigen der »Kältemaschine«, wobei

$$\eta = \frac{Q_2}{A \cdot L_i} = \frac{T_2}{T_1 - T_2}$$

für die vollkommene Maschine ist; aber jetzt stellt Q_2 die bei der tiefsten Temperatur T_2 aufgenommene Wärme dar. Für die ausgeführte Maschine ist nun der Gesamtwirkungsgrad

$$\eta = \frac{Q_2}{A \cdot L_e}$$

und läſst sich analog zerlegen in drei Faktoren η_i, η_2, η_3, welche sich nun folgendermaſsen deuten lassen:

$$\eta_i = \frac{\text{dem abzukühlenden Körper entzogene Wärme}}{\text{vom arbeitenden Körper aufgenommene Wärme}}$$

und nach dem Ergebnis des Abschnittes II

$$\eta_i = \frac{W_e}{W_i} = \frac{\text{effektive Kälteleistung}}{\text{indizierte Kälteleistung}},$$

$\eta_i =$ Wirkungsgrad der Wärmezufuhr, in der Folge »Indizierter Wirkungsgrad« genannt.

$$\eta_2 = \frac{\text{indizierte Kälteleistung}}{\text{Wärmeäquivalent der indizierten Arbeit}}$$

$= $ Wirkungsgrad des Systems $=$ »Thermischer Wirkungsgrad«,

$$\eta_3 = \frac{\text{indizierte Arbeit}}{\text{effektive Arbeit}} = \text{»Mechanischer Wirkungsgrad«.}$$

Mittels des indizierten Wirkungsgrades kann aus der indizierten die effektive Kälteleistung berechnet werden, weshalb die Analysierung seiner Abhängigkeit und seiner Gröfse von grofser Bedeutung ist.

Die aus dem Diagramm berechnete indizierte Kälteleistung W_i wäre in Wirklichkeit nur mit einer idealen Maschine zu erreichen. Die Unvollkommenheit der ausgeführten Maschine jedoch verursacht unvermeidliche Verluste, welche einerseits die Kälteleistung W_i vermindern, anderseits die indizierte Kompressorarbeit vergröfsern.

Diese Verluste sollen in folgendem begründet werden:

1. Einflufs der Undichtheiten der inneren Kompressororgane.

   a) Durchlässigkeit des Kolbens.

   Diese kann nie gänzlich vermieden werden und hat zur Folge, dafs während der Druckperiode von b nach c und von c nach d ein Teil des komprimierten Gemisches von dem Druckraum in den Saugraum des doppelt wirkenden Kompressorzylinders übertritt und das Volumen V_a entsprechend verringert.

   b) Undichtheiten der Ventile.

   Undichte Druckventile lassen einerseits während der Saugperiode »$a\,b$« Dämpfe aus dem Kondensator in den Saugraum des Kompressors über-

strömen; während der Druckperiode »c d« können
anderseits Dämpfe aus dem Kondensator in den
Druckraum des Kompressors gelangen und das
Volumen der zu komprimierenden Dämpfe erhöhen.

Der erste Vorgang bedingt eine Verminderung
der Kälteleistung, der letztere eine Vergröſserung
der indizierten Kompressorarbeit. Bedeutende Undichtheiten würden sich durch den Verlauf der
Kompressionskurve erkenntlich machen; undichte
Saugventile lassen während der Druckperioden
»b c« und »c d« Dämpfe höheren Druckes in den
Verdampfer zurückströmen, wodurch die Kälteleistung verringert würde.

Diese Undichtheiten lassen sich ebenfalls an
dem Verlauf der Kompressionskurve erkennen, falls
sie beträchtlich genug sind.

Die Diagramme müssen jedoch zu solchen
Prüfungen bei heiſsen Druckrohren abgenommen
werden.

2. Einfluſs des Kompressorganges und der Zylinderwandungen.

Gelegentlich der Studien über die Gestaltung der
Kompressionskurve in den Diagrammen ausgeführter
Maschinen wurde schon erkannt, daſs der Kompressorgang ohne fühlbare Überhitzung am Druckrohr unvor-
teilhaft ist.

Wenn nun auch der vollkommen trockene Kompressorgang bei der Maschine ohne Überhitzungseinrichtung schon
aus praktischen Gründen, wie eingangs erwähnt, nicht
üblich ist, so soll doch untersucht werden, welchen Einfluſs er auf den indizierten und den Gesamtwirkungsgrad
ausüben würde.

Es ergab sich, daſs die Kompressionskurve bei
höherem Überhitzungsgrad der Druckrohre mit der
trockenen Adiabate und die wirkliche Kompressionsarbeit

mit der durch diese Kurve berechneten nahezu überein-
stimmt, wie auch die Beispiele auf Seite 51 beweisen.

Der Gesamtwirkungsgrad ist nach obigem $\eta = \eta_i \cdot \eta_2 \cdot \eta_3$.

Es ist nun zu untersuchen, welcher von diesen drei
Faktoren von dem Kompressorgang beeinflufst wird, wobei η_3 von vornherein ausgeschieden werden kann und

$$\eta = \eta_i \cdot \eta_2 \; (\eta_3 = \text{Konstans})$$

wird.

η_i nimmt mit zunehmender Druckrohrtemperatur zu,
wie die nachfolgenden Betrachtungen des Einflusses des
Flüssigkeitsgehaltes beweisen werden. (Seite 58—59.)

Auch aus den Berechnungen von η_i aus den Münchener Versuchen Seite 62 geht hervor, dafs η_i mit der
Überhitzung zunimmt und dafs die Seybothsche Maschine,
welche in München mit den höchsten Druckrohrtemperaturen arbeitete, von allen Versuchsmaschinen für η_i den
gröfsten Wert ergab. Man kann also behaupten, dafs
bei trockenem Kompressorgang der Wirkungsgrad η_i ein
Maximum erreicht, was neuerer Zeit die Maschine mit
Überhitzungseinrichtung auch vollauf bestätigt hat.

$$\eta_2 = \frac{W_i}{A \cdot N_i} \; (N_i = \text{indizierte Kompressorarbeit in PS})$$

ist bei unveränderlichen Druckgrenzen nur von W_i abhängig, da ja N_i vom Kompressorgang nahezu unabhängig ist.

W_i ist aber nach vorhergehendem

$$W_i = \frac{V_a}{v_a} \left[r_2 - \frac{1}{x_a} \cdot q \right].$$

Für vollkommen trockenen Kompressorgang wäre
$x = 1$ und damit W_i am gröfsten.

Man mufs also hieraus schliefsen, dafs der trockene
Kompressorgang am vorteilhaftesten wäre, aber unter
der Voraussetzung, dafs die Druckgrenzen durch die
Regulierung desselben keine Änderung erleiden würden.

Dies ist jedoch bei den Maschinen ohne Überhitzungs-einrichtung nicht der Fall, da sich der Druck im Refrigerator verändert.

Bei Anlagen, in welchen der Refrigerator im Sole-bad liegt, sinkt bei gleichbleibender Soletemperatur mit zunehmender Druckrohrtemperatur der Refrigeratordruck, trotzdem der Beharrungszustand erhalten bleibt. Diese Druckabnahme entspricht ca. 2 bis 3°C.

Bei Anlagen mit sog. direkter Kühlung, bei welcher die Refrigeratorfläche als Luftkühlsystem ausgebildet und unvergleichlich größer ist, ist dieselbe noch viel be-trächtlicher.

Diese auffallende und anscheinend bis jetzt noch wenig beachtete Erscheinung läßt folgende Erklärung zu:

Die Wirksamkeit einer Refrigeratorfläche von bestimmter Größe ist um so besser, je mehr Flüssigkeit in den Röhren sich befindet und je nasser die Dämpfe den Apparat verlassen. Infolgedessen ist die Temperatur-differenz zwischen Kältemedium und Sole, resp. zwischen Luft und Kältemedium bei nassem Kompressorgang ge-ringer als bei trockenem.

Dieses Sinken des Refrigeratordruckes bei trockenem Kompressorgang aber, welches sich nachweislich bis in den Kompressor fortpflanzt, vermindert die Kälteleistung und den Wirkungsgrad der Kältemaschine $= \eta_2$, indem dadurch der Abstand der Temperaturgrenzen, zwischen welchen der Prozeß sich abspielt, vergrößert wird.

Während also mit zunehmender Druckrohrtempe-ratur η_i wächst, nimmt η_2 ab, und die Praxis sowohl als die Versuche haben gelehrt, daß der Gesamtwirkungs-grad bei mäßiger Überhitzung, ca. 20 bis 30°C, den günstigsten Wert erreicht.

Man hat deshalb immer mit einem gewissen Flüssig-keitsgehalt im Zylinder zu rechnen, dessen Verhalten während des ganzen Arbeitsprozesses in folgendem näher untersucht werden soll:

a) Saugperiode »a b«.

Das aus dem Refrigerator angesaugte Gemisch
von Dampf und Flüssigkeit findet an den Zylinder-
und Kolbenflächen höhere Temperaturen vor, welche
dieselben während der Kompressionsperiode angenommen haben. Es findet naturgemäfs während der
Saugperiode ein Wärmeaustausch statt, wodurch ein
Teil der Flüssigkeit zur Verdampfung gebracht wird.
Dieser wird um so inniger und die Kühlung des
Zylinders um so intensiver sein, je mehr Flüssigkeitsteilchen mit den Wandungen in Berührung treten, also
je nasser der eintretende Dampf ist.

b) Druckperiode »b c«.

Während der Bewegung des Kolbens von b nach c
kann eine Verdampfung der die Wandungen benetzen-
den Flüssigkeit nicht mehr eintreten, wenn die Temperatur der ersteren niedriger ist als die dem jeweiligen
Drucke entsprechende Siedetemperatur, es ist sogar
in diesem Falle eine Kondensation der Dämpfe an
den Wandungen möglich, was bei sehr nassem Kompressorgang bald der Fall sein wird. Bei trockenerem
Kompressorgang ist Verdampfung im Anfang wohl
möglich, wodurch sich, wie schon erwähnt, die Er-
höhung der Kompressionskurve auch ohne Annahme
von Überhitzung erklären liefse. Beim Weitergange
des Kolbens gibt derselbe immer weitere benetzte
Zylinderflächen dem Saugraume frei, so dafs die er-
wärmten Flüssigkeitsteilchen teilweise in denselben
zurückgelangen und unter dem niedrigen Druck ver-
dampfen. Die hierzu nötige Wärme wird teils von
der Flüssigkeit selbst, teils von den Zylinderwandungen geliefert; deren Temperatur ist im späteren
Teile der Kompression jedenfalls niedriger als diejenige der Dämpfe, so dafs teilweise Kondensation
derselben stattfinden und eine Senkung der Kompressionskurve hervorrufen kann.

c) Druckperiode »c d«.

Während dieser Periode findet wahrscheinlich, wie im Abschnitt II schon erwähnt, die Verdampfung der Flüssigkeit zum gröfsten Teile statt, da die Temperaturdifferenz zwischen überhitztem Dampf und ihr am gröfsten ist. Die Überhitzungswärme der Dämpfe wird in latente Wärme von niedrigerer Temperatur übergeführt, was für den Wärmeaustausch im Kondensator einen Nachteil bedeutet. Ist die Temperatur der Zylinderwandung infolge Überhitzung der Dämpfe am Ende der Kompression höher als die dem Kondensatordruck entsprechende Siedetemperatur, so können durch die verdampfende Flüssigkeit auch die Zylinderwandungen auf dem Wege von c nach d gekühlt werden, wodurch ein günstiger Einflufs des Flüssigkeitsgehaltes hervortreten würde.

Aufserdem bietet die mit der Gröfse des Flüssigkeitsgehaltes wechselnde Druckrohrtemperatur ein bequemes Merkmal für die Regulierung.

d) Expansionsperiode »d a«.

Im schädlichen Raume bleibt, wie im Abschnitt II erläutert wurde, am Ende eines Arbeitsvorganges aufser dem trockenen Dampf auch Flüssigkeit zurück, von welcher mehr oder weniger während der Expansionsperiode verdampft, was an dem Verlauf der Expansionslinie zu erkennen ist. Da dieser Expansion auch eine Arbeitsleistung entspricht, wird das Leitungsverhältnis selbst nicht wesentlich beeinflufst. Zur Verdampfung der Flüssigkeit im schädlichen Raume mufs jedoch eine äquivalente Wärmemitteilung während der Expansionsperiode selbst erfolgen, wozu die eigene Wärme und diejenige der Zylinder- und Kolbenwandungen disponibel ist. Dieser Vorgang setzt natürlich auch eine genügend hohe Temperaturdifferenz voraus, und ist infolgedessen bei der Raschheit des Expansionsvorganges anzunehmen, dafs die Wärmemitteilung

nicht ebenso rasch erfolgen kann, so daſs ein gewisser Flüssigkeitsrest während der Saugperiode ohne
Arbeitsleistung nachverdampft; dadurch aber wird
ein Leistungsverlust hervorgerufen. Auf diese Weise
läſst sich der schädliche Einfluſs der Flüssigkeit im
schädlichen Raume auf das Leistungsverhältnis begründen.

Aus diesen Überlegungen geht hervor, daſs sämtliche unter 1. und 2. betrachteten Verluste einen Wärmeübergang von höherer zu tieferer Temperatur ohne Arbeitsleistung hervorrufen, und daſs dieser zum gröſsten Teil
durch den Flüssigkeitsgehalt der Dämpfe vermittelt wird.
Im Vergleich zur vollkommenen Maschine aber bedingt
dieser Wärmeübergang nicht nur einen Arbeits-, sondern
auch einen Kälteverlust, da um den äquivalenten Betrag
die nutzbare Kälteleistung verringert wird.

Auſser den bisher betrachteten Verlusten wären auch
noch die sich in Wärme umsetzenden Reibungsarbeiten
von Kolben und Kolbenstange sowie die Kälteverluste
der Leitungen und Apparate nach auſsen zu erwähnen,
welche sämtliche η_i verringern.

Hat man durch Versuche für bestimmte Maschinen-
typen die Gröſse von η_i ermittelt, so läſst sich die effektive Kälteleistung (Refrigeratorleistung) W_e aus dem Diagramm bestimmen, denn es ist

$$W_e = \eta_i \cdot W_i.$$

Der Wert von η_i ist im wesentlichen abhängig:

  1. von der Gröſse und Güte der Maschine,
  2. von den Druckgrenzen des Arbeitsprozesses,
  3. von der Führung des Kompressorganges.

Für unsere heutigen Ammoniak - Kältemaschinen
bieten die Münchener Versuche die besten Unterlagen
zur Berechnung von η_i für verschiedene Temperaturgrenzen, welche auf Seite 62 und 63 für sämtliche Versuche der Linde-Maschine 1890 und 1893 durchgeführt ist,

und auf Seite 65 für alle untersuchten Maschinen für die Versuche mit Soletemperaturen — 2—5° C und »einfacher Fläche«.

Dabei zeigt sich zwischen den betreffenden Werten der Versuche 1890 und 1893 an der »Linde«-Maschine ein beträchtlicher Unterschied, welcher unzweifelhaft mit den verschiedenen Druckrohrtemperaturen zusammenhängt.

Im Jahre 1893 wurde mit bedeutend wärmeren Druckrohren, also mit geringerem Flüssigkeitsgehalt gearbeitet, wodurch sich die Verluste im Kompressor um ca. 5% verminderten, resp. der indizierte Wirkungsgrad sich erhöhte.

Die Maschine »Seyboth« hatte im Kompressor die geringsten Verluste, was auf die hohe Überhitzung zurückzuführen ist.

Der indizierte Wirkungsgrad der Nürnberger Maschine war trotz warmer Druckrohre auffallend niedrig, was auf Undichtheiten der inneren Organe schliefsen läfst.

Dafs die in der Praxis erzielten indizierten Wirkungsgrade hinter denjenigen der Versuchsmaschinen nicht zurückstehen, beweisen die auf Seite 65 aufgeführten Ergebnisse einiger, vom Verfasser unter kompetenter Kontrolle ausgeführter Garantieversuche.

Bei den für die Leistungsmessung der Kältemaschine üblichen Drücken kann η_i zwischen nachstehenden Grenzen, je nach Güte der Ausführung und Führung des Kompressorganges, erfahrungsgemäfs folgendermafsen bewertet werden:

für sehr kleine Maschinen (bis 10000 Kal.)
ohne Überhitzung 0,5—0,70; mit Überhitzung 0,75—0,8,

für Maschinen mittlerer Gröfse (bis 50000 Kal.)
ohne Überhitzung 0,75—0,85; mit Überhitzung 0,85—0,9,

für gröfsere Maschinen (von 50000 Kal. an)
ohne Überhitzung 0,85—0,90; mit Überhitzung 0,9—0,92.

Münchener Versuche — Linde-Maschine 1890.

Berechnung der indizierten Kompressorwirkungsgrade für sinkende Salzwassertemperaturen.

Mittleres Zylindervolumen = V_s = 20,2 l		I	II	III	IV
Soletemperaturen	t_s °C	+6 +3	−2 −5	−10 −13	−18 −20
Tourenzahl pro Minute	n	44,91	45,1	45,5	44,76
Druckrohrtemperaturen					
Spez. Dampfmenge beim Ansaugen .	x_a berechnet	0,935	0,910	0,90	0,88
Ansaugevolumen pro Hub	V_a l	19,5	19,4	18,5	17,8
Absoluter Refrigeratordruck . . .	p_2 kg/qcm	3,89	2,95	2,13	1,56
Temperatur im Refrigerator . . .	t_3 °C	−2,91	−9,77	−17,43	−24,3
Absoluter Kondensatordruck . . .	p_1 kg/qcm	9,25	9,24	9,00	8,89
Temperatur im Kondensator . . .	t_1 °C	22,45	21,53	20,72	20,34
Druck am Ende des Ansaugens . .	p_a kg/qcm	3,7	2,8	2,0	1,5
Spez. Volumen zu p_a	v_a cbm	0,349	0,452	0,587	0,781
Temperatur vor dem Regulierventil .	t' °C (angen.)	10	10	10	10
Flüssigkeitswärme bei t'	q' Kal.	+9,17	+9,17	+9,17	+9,17
Flüssigkeitswärme bei t_3	q_3 Kal.	−2,59	−8,6	−15,24	−20,9
Verdampfungswärme bei p_2 . . .	r_2 Kal.	318	322,2	326	328,8
Berechnete, indizierte Kälteleistung .	W_i Kal.	91 955	70 250	51 433	36 060
Nachgewiesene Kälteleistung . . .	W_e Kal.	78 170	58 110	39 780	26 860
Indizierter Wirkungsgrad des Kompressors .	η_i	0,85	0,83	0,77	0,74

Münchener Versuche — Linde-Maschine 1898.

Berechnung der indizierten Kompressorwirkungsgrade für sinkende Salzwassertemperaturen.

Mittleres Zylindervolumen = v_s = 20,28 l

		I	II	III	IV
Soletemperaturen	t_s ° C	+6 +3	−2 −5	−10 −13	−18 −21
Tourenzahl pro Minute	n	42,36	42,63	42,17	42,12
Druckrohrtemperaturen	t_m ° C	40	39	46	69
Spez. Dampfmenge beim Ansaugen	x_a (angen.)	0,95	0,95	0,95	0,95
Ansaugevolumen pro Hub	V_a l	19,9	19,7	19,1	18,9
Absoluter Refrigeratordruck	p_2 kg/qcm	4,18	3,29	2,39	1,7
Temperatur im Refrigerator	t_2 ° C	−1,1	−7,1	−14,8	−22,6
Absoluter Kondensatordruck	p_1 kg/qcm	9,15	9,08	8,74	8,59
Temperatur im Kondensator	t_1 ° C	21,2	21	20	19
Druck am Ende des Ansaugens	p_a kg/qcm	4,02	3,13	2,23	1,54
Spez. Volumen zu p_a	v_a cbm	0,324	0,408	0,561	0,788
Temperatur vor dem Regulierventil	t' ° C (angen.)	10	10	10	10
Flüssigkeitswärme bei t'	q' Kal.	8,83	8,83	8,83	8,83
Flüssigkeitswärme bei t_2	q_2 Kal.	−0,9	−6,3	−13,1	−19,4
Verdampfungswärme bei p_2	r_2 Kal.	316,7	320,7	324,8	328
Berechnete indizierte Kälteleistung	W_i Kal.	96 000	75 100	52 000	36 400
Nachgewiesene Kälteleistung	W_e Kal.	86 412	66 515	43 539	30 611
Indizierter Wirkungsgrad des Kompressors	η_i	0,90	0,885	0,840	0,840

Münchener Versuche an Ammoniak-Kältemaschinen mit „einfacher Fläche" bei Soletemp. — 2; —5° C.
Berechnung der indizierten Kompressorwirkungsgrade.

Versuchsmaschinen		Linde		Seyboth	Nürnberg
Versuchsjahr		1890	1893	1892	1892
Mittleres Zylindervolumen	V_c l	[20,2	20,28	20,64	20,61
Tourenzahl pro Minute	n	45,1	42,63	43,79	46,68
Druckrohrtemperaturen	t_m °C	ca. 22	39,5	67	41
Volum. Wirkungsgrad aus dem Diagramm	η_v	0,955	0,97	0,98	0,955
Spez. Dampfmenge beim Ansaugen	x_a (angen.)	0,91	0,95	0,98	0,95
Ansaugevolumen pro Hub	V_a l	19,3	19,7	20,2	19,7
Absoluter Refrigeratordruck	p_2 kg/qcm	2,95	3,29	3,04	3,08
Temperatur im Refrigerator	t_2 °C	— 9,8	— 7,1	— 9,05	— 8,7
Druck am Ende des Ansaugens	p_a kg/qcm	2,8	3,13	2,81	2,99
Sättigungstemperatur zu p_a	t_a °C	— 11,1	— 8,4	— 11,0	— 9,4
Spez. Volumen zu p_a	v_a cbm	0,452	0,408	0,450	0,424
Temperatur vor dem Regulierventil	t' °C (angen.)	12	12	12	12
Flüssigkeitswärme bei t'	q' Kal.	11	11	11	11
Flüssigkeitswärme bei t_2	q_2 Kal.	— 8,6	— 6,3	— 8,0	— 7,8
Verdampfungswärme bei p_2	r_2 Kal.	322,2	320,7	321,4	321,3
Berechnete, indizierte Kälteleistung	W_i Kal.	69 490	74 750	71 400	78 530
Nachgewiesene Kälteleistung	W_e Kal.	58 110	66 515	64 336	65 172
Indizierter Wirkungsgrad des Kompressors	η_i	0,83	0,89	0,90	0,83

Neuere Versuche an ausgeführten Lindeschen Ammoniak-Kältemaschinen.
Berechnung des »indizierten Wirkungsgrades«.

Anlagen		Schlachth. Pforzheim	Schlachth. Ulm	Brauerei A. Printz, Karlsruhe	Schlachth. Kaiserslautern
Versuch ausgeführt am		22. 9. 98	19. 12. 01	11. 11. 00	17. 1. 02.
Versuch kontrolliert durch		Hofrat Brauer	Württembg. D.K.Rev.-V.	Hofrat Brauer	Pfälz. D.K.Rev.-V.
Kompressor Nr.	n	12	12	14	13
Mittlere Tourenzahl pro Minute	n	66	68	53	59
Mittleres Zylindervolumen	V_c l	20,12	20,12	43,8	34,7
Mittlere Druckrohrtemperatur	t_m °C	60	69	60	45
Volumetr. Wirkungsgrad (aus dem Diagramm)	η_v	0,959	0,972	0,963	0,975
Ansaugevolumen pro Hub	$V_a = \eta_v \cdot V_c$	19,3	19,55	42,2	33,8
Spez. Dampfmenge beim Ansaugen (angen.)	x_a	0,95	0,95	0,95	0,95
Abs. Druck am Ende des Ansaugens	p_a kg/qcm	2	2,41	2,59	2,6
Sättigungstemperatur zu p_a .	t_a °C	−19	−14,7	−13	−12,9
Spez. Dampfvolumen zu p_a .	v_a cbm	0,622	0,520	0,488	0,486
Abs. Refrigeratordruck . . .	p_3 kg/qcm	2,17	2,62	2,8	2,865
Sättigungstemperatur zu p_3	t_3 °C	−17	−12,6	−11,1	−10,5
Temp. vor dem Regulierventil (angenommen)	t' °C	12	12	12	12
Flüssigkeitswärme bei t' . .	q' Kal.	11,05	11,05	11,05	11,05
Flüssigkeitswärme bei t_3 . .	q_3 Kal.	−14,82	−11,07	−9,6	−9,31
Verdampfungswärme bei p_3 .	r_3 Kal.	325,8	323,7	322,8	322,6
Indizierte Kälteleistung . .	W_i Kal.	73 300	93 400	165 500	152 000
Ermittelte Kälteleistung . .	W_e Kal.	62 170	84 100	149 500	132 000
Indizierter Wirkungsgrad des Kompressors	η_i	0,85	0,9	0,91	0,87

Fünfter Abschnitt.

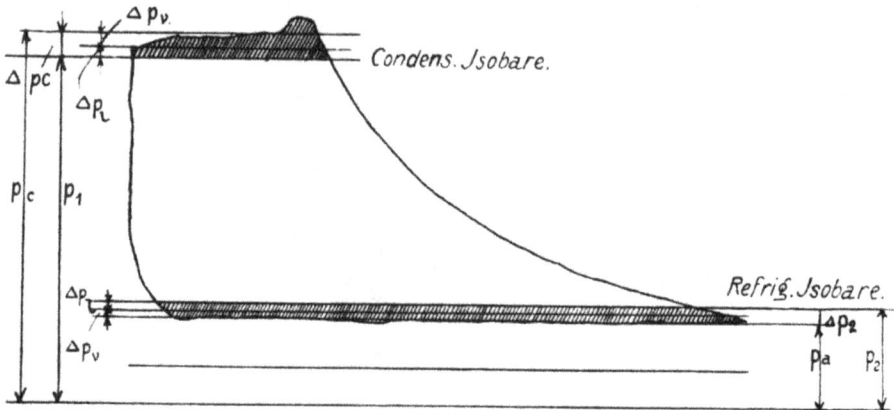

Fig. 8.

Ventil- und Leitungswiderstände.

Um diese aus dem Diagramm zu erkennen, sind die
Kondensator-Isobare zu p_1 und die Refrigerator-Isobare zu
p_2 in Fig. 8 eingezeichnet. Die hierdurch separierten und
schraffierten Flächen stellen die Arbeiten dar, welche
zur Überwindung der Widerstände in den Ventilen und
Leitungen aufgewendet werden müssen. Mittels Planimetrierens lassen sich aus denselben die mittleren Höhen
und damit die mittleren Drücke $\varDelta p_2$ und $\varDelta p_c$ ermitteln.

Diese sind die Widerstände, welche die Ventile und
Leitungen dem Überströmen der Dämpfe aus dem Zylinder in den Kondensator, resp. aus dem Refrigerator
in den Zylinder entgegenstellen.

Die zuverlässige Bestimmung dieser Werte aus den Diagrammen bietet aber nicht unerhebliche materielle Schwierigkeiten, welche in der Ungenauigkeit der Manometer, der Manometerangaben und -Ablesungen sowie des Mafsstabes der Indikatorfedern begründet sind. Es dürfen deshalb nur sorgfältig geprüfte Manometer und Indikatorfedern zu solchen Bestimmungen Verwendung finden. Über die Ablesungen müssen bestimmte Vereinbarungen getroffen und eingehalten werden, welche sich aus folgenden Überlegungen ableiten:

Der Ausschlag des Manometers ist einerseits bedingt durch dessen Konstruktion, anderseits aber durch die unvermeidlichen Druckschwankungen, deren Ursachen zunächst zu erforschen sind. Im Beharrungszustand werden im Refrigerator pro Zeiteinheit gleiche Dampfmengen gebildet, im Kondensator verflüssigt.

Die vom Kompressor aus dem Refrigerator abgesaugten, resp. in den Kondensator gedrückten Dampfmengen variieren aber mit der jeweiligen Kolbengeschwindigkeit, welche zwischen O und einem maximalen Wert pro Hub wechselt. Da das Volumen der Leitungen nicht sehr grofs ist, entstehen in denselben während jeden Kolbenspieles Druckschwankungen, welche entsprechende Ausschläge des Manometerzeigers bedingen. In den Drucklinien und Sauglinien der Diagramme sind erstere deutlich zu erkennen; es sind diese Linien daher auch keine vollkommenen, sondern, wie schon in Abschnitt I erwähnt, nur annähernde Isobaren.

Lorenz hat diese Vorgänge in den Leitungen rechnerisch verfolgt in seiner Abhandlung »Bewegung der Kompressorventile«, Z. d. g. K. 1897, worauf hier verwiesen werden kann. Um diesen Schwierigkeiten in den Manometerablesungen zu begegnen, müssen für vergleichende Zwecke oben erwähnte Vereinbarungen möglichst strenge eingehalten werden, welche sind:

5*

1. Die Manometerhahnen müssen so weit geöffnet werden, dafs der Zeiger einige Millimeter ausschlägt.
2. Die Ablesungen müssen in der Ruhelage des Zeigers erfolgen, d. h. beim Druckmanometer ist die untere, beim Saugmanometer die obere Druckangabe gültig.

Die Befolgung dieser Regeln wurde bei allen in dieser Abhandlung benutzten Versuchen sorgfältig beobachtet. (Bei den Münchener Versuchen wurde am Druckmanometer nicht die Ruhelage des Zeigers, sondern das Mittel dessen Ausschlages abgelesen.)

Die auf diese Weise resultierenden Gesamtwiderstände Δp_2 und Δp_c zerfallen nun in zwei Teile, nämlich in die Widerstände der Leitungen, welche mit Δp_l, und in die Widerstände der Ventile, welche mit Δp_v bezeichnet werden mögen.

Die schematische Darstellung in Fig. 9 veranschaulicht die Entstehung und Zerlegung dieser Gesamtwiderstände.

Es ist nach Fig. 9

$$\Delta p_2 = p_2 - p_a = (p_2 - p'_2) + (p'_2 - p_a) = \text{Leitungs-} + \text{Ventil-Widerstand.}$$

$$\Delta p_c = p_c - p_1 = (p'_1 - p_1) + (p_c - p'_1) = \text{Leitungs-} + \text{Ventil-Widerstand.}$$

Die Werte Δp_2 und Δp_c lassen sich nun bekanntlich allgemein durch die Formel ausdrücken:

$$\Delta p = \varphi \cdot \gamma \cdot w^2.$$

Hierin bedeutet:

γ die Dampfdichte, welche für Δp_2 auf den Druck im Refrigerator $= p_2$ und für Δp_c auf den Druck im Zylinder $= p_c$ zu beziehen ist;

w die mittlere Strömungsgeschwindigkeit der Dämpfe in den Leitungen, resp. in den Ventilen;

φ die Konstante, welche der Länge und Gestaltung der Leitungen, den Kontraktionseinflüssen, der Zähigkeit der Dämpfe etc. Rechnung trägt.

Serie IV: Kondensator- und Refrigeratordruck gleich-
bleibend; Tourenzahl veränderlich.

Die Ergebnisse sind in den Tabellen zu Serie III
und IV wiedergegeben:

Tabelle zu Serie III.

Periode	n	v	γ	Δp_2	φ
1	63	1,13	$\frac{1}{450}$	0,33	115
2	63	1,13	$\frac{1}{550}$	0,27	115
3	63	1,13	$\frac{1}{700}$	0,21	115

Die Gleichheit der Werte von φ beweist, daſs die
Widerstände Δp_2 bei diesem Versuche tatsächlich direkt
proportional den Dampfdichten sich änderten.

Tabelle zu Serie IV.

Periode	n	v	γ	Δp_2	φ
1	40	0,72	$\frac{1}{550}$	0,133	140
2	63	1,13	$\frac{1}{550}$	0,27	115

Man erkennt aus Tabelle IV, daſs der Koeffizient φ
bei der geringeren Kolbengeschwindigkeit $v = 0,72$ m
beträchtlich gröſser ist als bei $v = 1,13$ m.

Wäre aber der Widerstand Δp_2 tatsächlich proportional dem Quadrate der Kolbengeschwindigkeit, so
hätte sich für φ bei 63 und 40 Touren pro Minute
annähernd der gleiche Wert ergeben müssen.

Es scheinen sich also bei der geringen Kolbengeschwindigkeit bereits konstante Widerstände in Ventilen und Leitungen bemerkbar zu machen, so daſs der
Gültigkeitsbereich der Formel für Δp_2 schon unter-
schritten ist.

Serie III.

Periode I.

Refrig. Jsobare

Federmass stab. 1 kg. = 6 $^m/_m$.

$\Delta p_2 = 0,33$ kg.

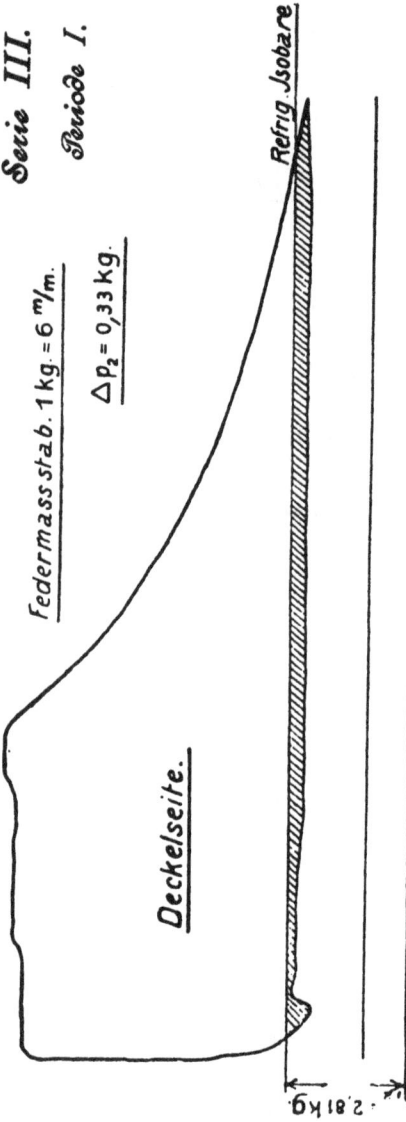

Deckelseite.

2.81 kg.

Periode II.

Refri g. Jsobare.

$\Delta p_2 = 0,27$ kg.

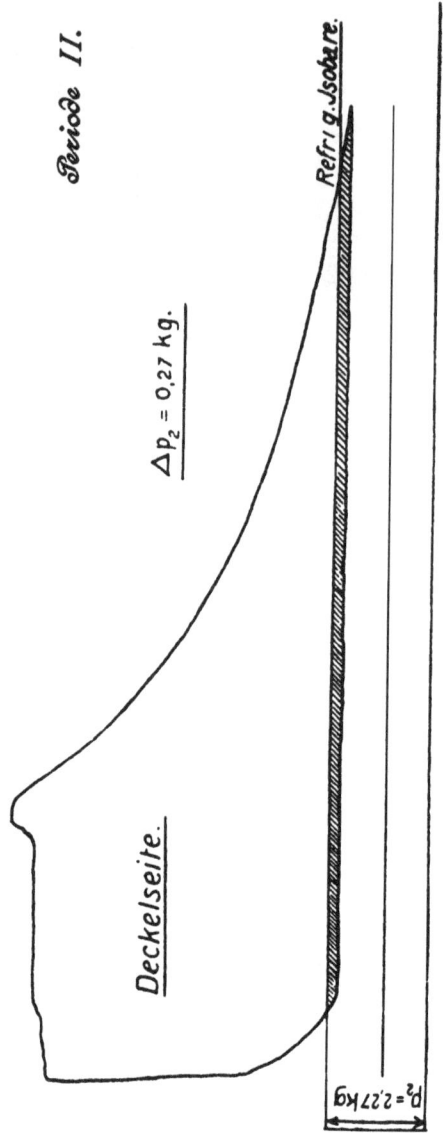

Deckelseite.

$P_2 = 2.27$ kg.

Periode III.

Refrig. Jsobare.

$\Delta p_2 = 0{,}21$ kg.

Deckelseite.

$p_2 = 1{,}74$ kg.

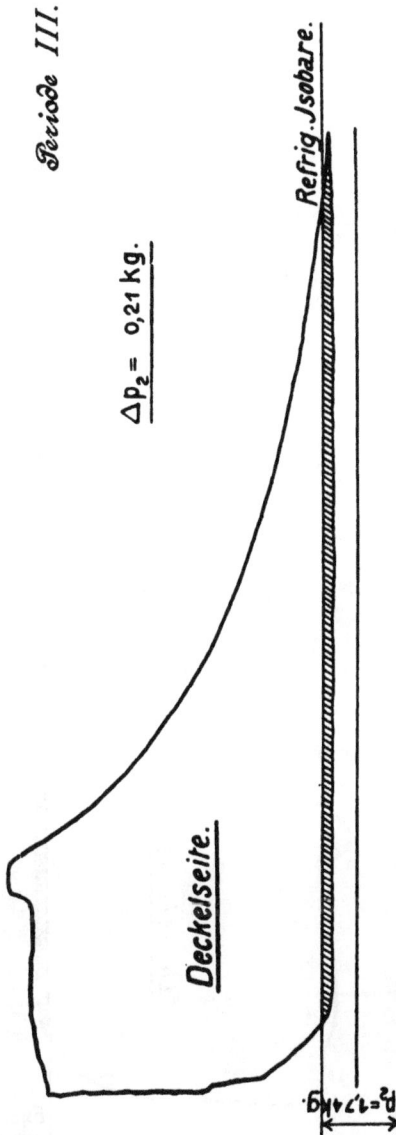

Die Leitungswider-
stände sind natur-
gemäfs je nach Länge
und Verlauf der Lei-
tungen verschieden
und bei sehr langen
und vielfach gekrümm-
ten Leitungen be-
trächtlich; man kann
sie experimentell an
ausgeführten Maschi-
nen bestimmen, ent-
weder durch die Diffe-
renz der Manometer-
drücke, indem man
direkt auf den Konden-
sator und Refrigerator
und dicht am Kom-
pressor geprüfte Mano-
meter aufsetzt, deren
Ablesungsunter-
schiede die Leitungs-
widerstände anzeigen,
oder aus der Differenz
des Gesamtwider-
standes und des mit-
tels des Indikators
leicht zu ermittelnden
Ventilwiderstandes.
Auf diese Weise wur-
den vom Verfasser
an mehreren Anlagen
die Ventil- und Lei-
tungswiderstände se-
parat ermittelt.

Serie IV.

Periode I.

Federmaßstab 1 kg = 6 mm.
Tourenzahl n = 40 per Min.

$\Delta p_2 = 0{,}133\,kg$

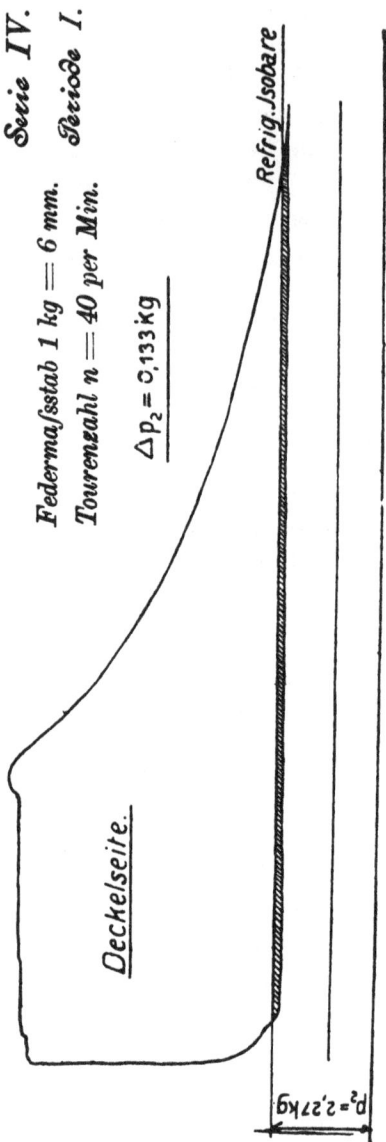

Refrig. Isobare.

Deckelseite.

$p_2 = 2{,}27\,kg$

Periode II.

Tourenzahl n = 63 per Min.

$\Delta p_2 = 0{,}27\,kg$

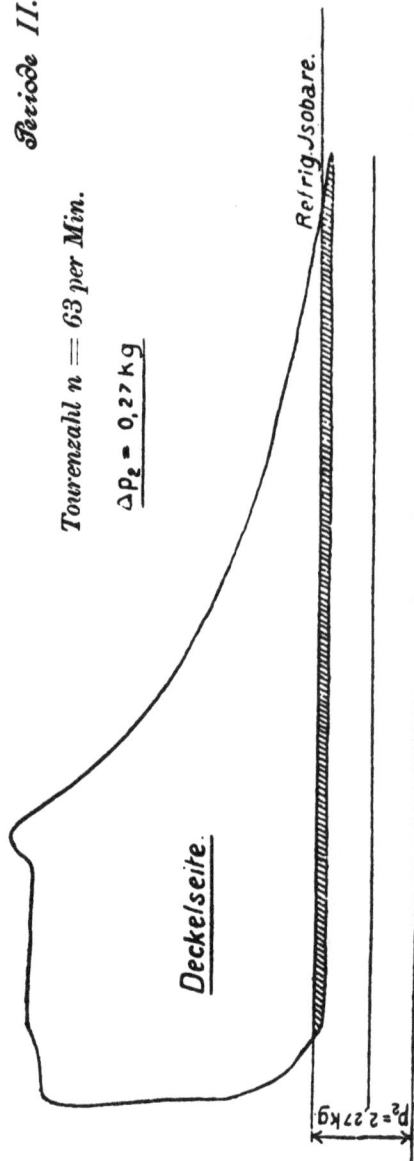

Refrig. Isobare.

Deckelseite.

$p_2 = 2{,}27\,kg$

Es ergaben sich hierbei folgende ungefähre Grenzwerte für Kolbengeschwindigkeiten von 0,8 bis 1,1 m:

$$\gamma_c = \text{ca.} \frac{1}{145}; \quad \gamma_2 = \frac{1}{450}$$

Leitungswiderstände $= \Delta p_{2l} = 0,1$ bis $0,25$ kg

$\Delta p_{cl} = 0,15$ » $0,4$ »

Ventilwiderstände $= \Delta p_{2v} = 0,1$ » $0,15$ »

$\Delta p_{cv} = 0,12$ » $0,18$ »

Bei der theoretischen Untersuchung der Ventilwiderstände ist vor allem der Einfluß der Feder festzustellen,
welche das Ventil in seiner Lage erhält und einen raschen
und sicheren Schluß desselben bewirkt.

Bezeichnet man mit P_f in kg den Druck der Feder
auf den gänzlich geöffneten Ventilkegel, die dem Strö-
mungsdruck der Dämpfe zunächst ausgesetzte kleinere
Fläche desselben mit q in qcm, so ist $\frac{P_f}{q} = \Delta p_f =$ Druck
auf 1 qcm der Ventilfläche.

Um dem Dampf beim Durchströmen durch den
freien Querschnitt die Geschwindigkeit w zu erteilen, ist
nach vorhergehendem der Überdruck Δp_v nötig, welcher
auf jeden Flächenteil des Zylinderinnern, also auch auf
die Ventilfläche q, wirkt. Durch denselben wird auf den
Ventilkegel ohne irgendwelchen Einfluß der Feder ein
Reaktionsdruck $q \cdot \Delta p_v$ ausgeübt; dieselbe hat daher auf
den Ventilwiderstand Δp_v so lange keinen Einfluß, als
$\Delta p_f \angle \Delta q_v$ ist.

Ist $\Delta p_f \gtrdot \Delta p_v$, so ist der Ventilwiderstand $= \Delta p_f$
also nur abhängig von dem Widerstand der Feder.

$\Delta p_v = \Delta p - \Delta p_l$ beträgt bei den in Frage stehenden
Maschinen, wie die nachfolgend wiedergegebenen Versuchsergebnisse beweisen, selbst bei geringeren Tourenzahlen mindestens 0,1 kg/qcm, und $P_f = q \cdot 0,1$ kg ergibt schon ziemlich starke und für alle Fälle genügende

Federn, so dafs unter normalen Verhältnissen die Feder
auf den Widerstand überhaupt keinen Einfluſs hat, wenn
nicht verständnislose Dimensionierungen vorliegen oder
unbeabsichtigte Reibungs- und sonstige Störungen des
Ventilspieles eintreten.

Da letztere nicht selten sind, ist es für die Prüfung
der Maschinen von Wichtigkeit, für verschiedene Tourenzahlen und Drücke gute Mittelwerte für $\varDelta p_2$ und $\varDelta p_c$
zu ermitteln, wozu weiter unten eine empirische Formel
abgeleitet wird.

Der Einfluſs der Ventil- und Leitungswiderstände
auf die Leistung der Maschine läſst sich auf rechneri-
schem Wege mit Hilfe der im Abschnitt III entwickelten
Formeln verfolgen:

1. Änderung der indizierten Arbeit.

Für die mittleren Diagrammdrücke p_a und p_c ist

$$N_i = 0{,}0018 \cdot n\, p_a \cdot V_c \left[\left(\frac{p_c}{p_a} \right)^{0{,}242} - 1 \right]$$

und für den Refrigeratordruck p_2
und für den Kondensatordruck p_1 wäre

$$N_i' = 0{,}0018 \cdot n \cdot p_2 \cdot V_c \left[\left(\frac{p_1}{p_2} \right)^{0{,}242} - 1 \right].$$

Es wäre also:

$$N_i' = N_i \cdot \frac{p_2}{p_a} \frac{\left(\dfrac{p_1}{p_2} \right)^{0{,}242} - 1}{\left(\dfrac{p_c}{p_a} \right)^{0{,}242} - 1}$$

2. Änderung der effektiven Kälteleistung.

Für Ansaugedruck p_a im Diagramm ist

$$W_e = 120 \cdot n \cdot \frac{V_c}{v_a} \left(r_2 - \frac{1}{x_a}\, q \right) \eta_i \cdot \eta_v,$$

und für den Refrigeratordruck p_2 wäre

$$W_c' = 120 \cdot n \cdot \frac{V_c}{v_2} \left(r_2 - \frac{1}{x_2}\, q \right) \cdot \eta_i' \cdot \eta_v'.$$

Es wäre also:

da $x_a = x_2$ gesetzt werden kann und ebenso

$$\eta_i = \eta_i' \text{ und } \eta_v = \eta_v',$$

$$W_e' = W_e \cdot \frac{v_a}{v_2}.$$

3. Änderung des Leistungsverhältnisses.

Dieses ist für die Diagrammdrücke p_c und $p_a = \frac{W_e}{N_i}$ und wäre für die Refrigerator- und Konden-

satordrücke p_2 resp. $p_1 = \frac{W_e'}{N_i'}$.

Um zuverlässige Anhaltspunkte über die durch die Ventil- und Leitungswiderstände bedingten Verluste zu gewinnen, wurden die Drücke $\varDelta p_2$ und $\varDelta p_c$ aus den Diagrammen Serie II bestimmt und mit Hilfe vorstehender Formeln für die Münchener Versuche mit »einfacher Fläche« und normalen Soletemperaturen —2—5⁰ C

die effektive Kälteleistung W_e,

die indizierte Kompressorarbeit N_i und

das Leistungsverhältnis $\frac{W_e}{N_i}$

auf die Refrigerator- und Kondensatordrücke p_1 und p_2 umgerechnet und mit obigen Werten in Vergleich gesetzt (s. S. 78 u. 79).

Man erkennt, daß die Kälteleistung durch die Ventil- und Leitungswiderstände beträchtlich vermindert wird, ebenso das Leistungsverhältnis, während die indizierte Kompressorarbeit sich aber nur ganz wenig erhöht. Die prozentualen Verluste müssen als unterste Grenzwerte betrachtet werden, da in der Praxis die Ventil- und Leitungswiderstände beträchtlich größer sind.

Bei Übertragung dieser Resultate auf die Praxis sind daher außer der jeweiligen Länge der Leitungen vor allem die Umdrehungszahlen der Kompressoren zu berücksichtigen, da diese Maschinen aus wirtschaftlichen

Münchener Versuche an Ammoniak-Kältemaschinen mit einfacher Fläche
bei Soletemperaturen −2; −5° C.

Verluste durch Ventile und Leitungen.

Versuchsmaschinen		Linde		Seyboth	Nürnberg
Versuchsjahr		1890	1893	1892	1892
Mittlere Kolbengeschwindigkeit . . .	$v = \frac{s \cdot n}{30}$	0,63	0,6	0,58	0,67
Absoluter Refrigeratordruck	p_2	2,95	3,29	3,04	3,08
Absoluter Druck während des Ansaugens	p_a	2,8	3,13	2,81	2,99
Druckverlust während des Ansaugens	Δp_a	0,15	0,16	0,23	0,09
Spez. Dampfvolumen in Lit. bei p_2 .	v_2	428	390	418	414
Spez. Dampfvolumen in Lit. bei p_a .	v_a	452	408	450	424
Absoluter Kondensatordruck	p_1	9,24	9,08	9,09	9,26
Mittlere Druckerhöhung beim Hinausschieben .	Δp_c	0,15	0,16	0,17	0,13
Mittlerer absoluter Druck beim Hinausschieben .	p_c	9,39	9,24	9,26	9,38

a) Kälteleistung.

Nachgewiesene Kälteleistung	W_e	58 110	66 515	64 336	65 172
Umgerechnete Kälteleistung auf p_2 . .	W'_e	61 370	69 570	69 230	66 740
Kälteverluste in Prozent von W'_e .	$\dfrac{W'_e - W_e}{W'_e} \cdot 100$	5,3 %	4,6 %	7,1 %	2,4 %

b) Indizierte Arbeit.

Nachgewiesene indizierte Arbeit . . .	N_i	15,2	14,5	15,35	16,47
Umgerechnete indizierte Arbeit auf p_1 und p_2 . .	N'_i	15,0	14,15	15,05	16,22
Arbeitserhöhung in Prozent von N'_i . .	$\dfrac{N'_i - N_i}{N'_i} \cdot 100$	1,33	2,48	2,0	1,5 %

c) Leistungsverhältnis.

Nachgewiesenes Leistungsverhältnis . .	$\dfrac{W_e}{N_i}$	3823	4588	4190	3960
Umgerechnetes Leistungsverhältnis auf p_1 und p_2	$\dfrac{W_e}{N'_i}$	4090	4920	4600	4110
Leistungsverluste in Prozent . . .	$\dfrac{\dfrac{W'_e}{N_i} - \dfrac{W_e}{N'_i}}{\dfrac{W'_e}{N'_i}} \times 100$	6,5 %	6,8 %	8,9 %	3,7 %

Gründen mit beträchtlich höheren Tourenzahlen arbeiten müssen als die Münchener Versuchsmaschinen.

Die Ventil- und Leitungswiderstände wachsen aber mit dem Quadrate der Strömungsgeschwindigkeit des Mediums.

Wie nun mit Hilfe zuverlässiger Versuchsergebnisse die fraglichen Widerstände für die Maschinen der Praxis vorausberechnet werden können, lehrt nachfolgende Entwicklung:

Nach früherem ist der nötige Überdruck $\varDelta p$ zur Erzeugung einer gewissen Dampfgeschwindigkeit w

$$\varDelta p = \gamma w^2 \cdot \gamma = \varphi \cdot \gamma \cdot \left(v\,\frac{F}{f}\right)^2.$$

Hierin bedeuten:

w Strömungsgeschwindigkeit im Ventil,
φ konstanter, empirischer Koeffizient,
F Kolbenquerschnitt,
f Ventilquerschnitt,
γ Gewicht von 1 l Dampf in kg,
v mittlere Kolbengeschwindigkeit.

Für andere Werte von $\frac{F'}{f'}$ und γ' ist

$$\varDelta p' = \varDelta p \cdot \frac{\gamma' \cdot \left(v'\,\frac{F''}{f'}\right)^2}{\gamma \cdot \left(v\,\frac{F}{f}\right)^2}.$$

Für Maschinen gleicher Gattung ist, wie oben schon erwähnt, anzunehmen, daß

$$\frac{F}{f} = \frac{F'}{f'},$$

so daß die Formel sich vereinfacht in

$$\varDelta p' = \varDelta p\,\frac{v'^2}{v^2} \cdot \frac{\gamma'}{\gamma}.$$

Ferner erhält man die Konstanten für gegebene Kolbengeschwindigkeiten und Dampfdichten einer Maschine aus folgenden Formeln:

a) für die Druckperiode $\Delta p_c = \varphi_c \cdot v^2 \cdot \gamma_c$,

b) für die Saugperiode $\Delta p_2 = \varphi_2 \cdot v^2 \cdot \gamma_2$.

In nachfolgender Tabelle VI sind für die Münchener Versuchsmaschinen die Werte dieser Konstanten zusammengestellt; dieselben sind aus den Diagrammen mittels Planimetrierens nach oben beschriebener Weise ermittelt, wobei jedoch darauf hingewiesen werden muſs, daſs die erreichbare Genauigkeit bei der Kleinheit der Flächen keine groſse sein kann.

Tabelle VI.

Versuchsmaschinen	v	γ_2	γ_c	Δp_2	Δp	φ_c	φ_2
Linde 1890 . .	0,63	$\frac{1}{428}$	$\frac{1}{145}$	0,15	0,14	54	150
Linde 1893 . . .	0,60	$\frac{1}{396}$	$\frac{1}{147}$	0,11	0,16	62	150
Nürnberg . . .	0,67	$\frac{1}{414}$	$\frac{1}{145}$	0,10	0,12	42	92
Seyboth	0,58	$\frac{1}{418}$	$\frac{1}{146}$	0,18	0,17	74	220
Mittelwert der Konstanten ca.						60	153

Zur Gewinnung brauchbarer Werte von φ_2 und φ_c für die Praxis wurden diese Konstanten auch aus Garantieversuchen, welche der Verfasser unter fachmännischer Kontrolle an verschiedenen Anlagen ausgeführt hat, berechnet. Die hierzu benutzten Diagramme sind mit allen Angaben auf Seite 83—88 beigefügt; in der Tabelle VII sind die zur Berechnung benutzten Werte zusammengestellt.

Zur Vorausberechnung und Kontrolle der Ventil- und Leitungswiderstände nach dem hier beschriebenen Verfahren lassen sich daher nachstehende Formeln ableiten:

Es ist $\qquad \varDelta p_2 = 125 \cdot \gamma_2 \cdot v^2,$
$$\varDelta p_c = 55 \cdot \gamma_c \cdot v^2.$$

Es muſs aber besonders darauf aufmerksam gemacht werden, daſs diese Formeln nur für Ammoniakmaschinen und in der Praxis übliche Kolbengeschwindigkeiten verwendbar sind.

Tabelle VII.

Versuch	v	γ_2	γ_c	$\varDelta p_2$	$\varDelta p_c$	q_c	q_2
Schlachthof Kaiserslautern	0,982	$\frac{1}{444}$	$\frac{1}{142}$	0,26	0,29	120	43
Schlachthof Pforzheim	0,925	$\frac{1}{574}$	$\frac{1}{140}$	0,20	—	134	—
Schlachthof Ulm a. D.	0,950	$\frac{1}{515}$	$\frac{1}{169}$	0,22	0,38	127	70
Brauerei Moninger, Karlsruhe	1,12	$\frac{1}{500}$	$\frac{1}{136}$	0,31	0,41	123	44
Brauerei Printz, Karlsruhe	0,950	$\frac{1}{440}$	$\frac{1}{141}$	0,25	0,38	122	60
Brauerei Meyer Söhne, Riegel	0,950	$\frac{1}{435}$	$\frac{1}{139}$	0,275	0,41	132	68
Als Mittelwerte ergeben sich						126,3	56

Städtischer Schlachthof Kaiserslautern.

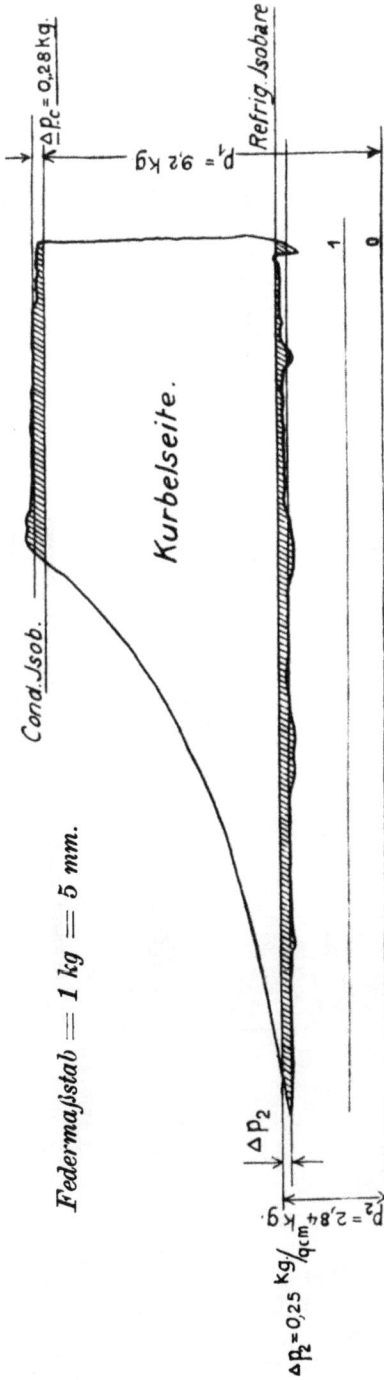

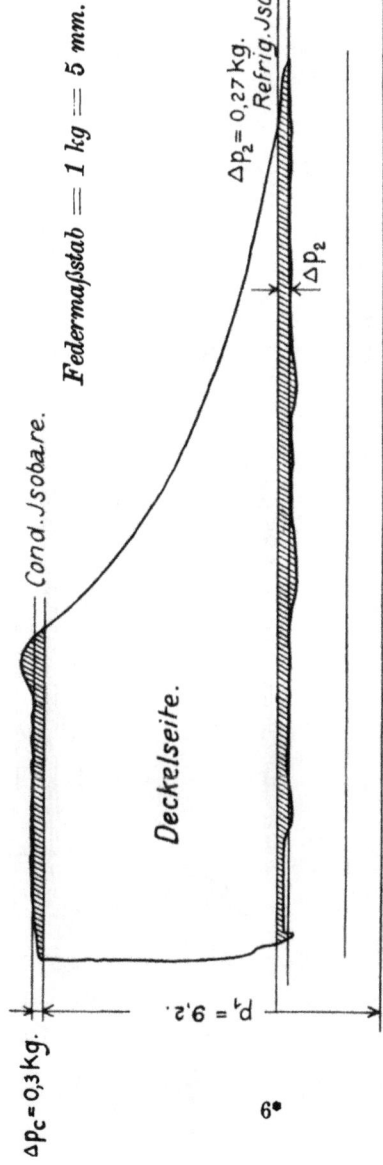

Federmaßstab = 1 kg = 5 mm.

Kurbelseite.

$\Delta p_c = 0.28$ kg.

$p_1 = 9.2$ kg.

Refrig.Jsobare.

Cond.Jsob.

Δp_2

$p_2 = 2.84$ kg.

$\Delta p_2 = 0.25$ kg/qcm.

Federmaßstab = 1 kg = 5 mm.

Deckelseite.

$\Delta p_2 = 0.27$ kg.

Refrig.Jsobare.

Δp_2

$p_2 = 2.84$

Cond.Jsobare.

$\Delta p_c = 0.3$ kg.

$p_1 = 9.2$.

6*

Städt. Schlachthof Pforzheim.

(Druckmanometer unzuverlässig.)

Federmaßstab = 1 kg = 4,86 mm.

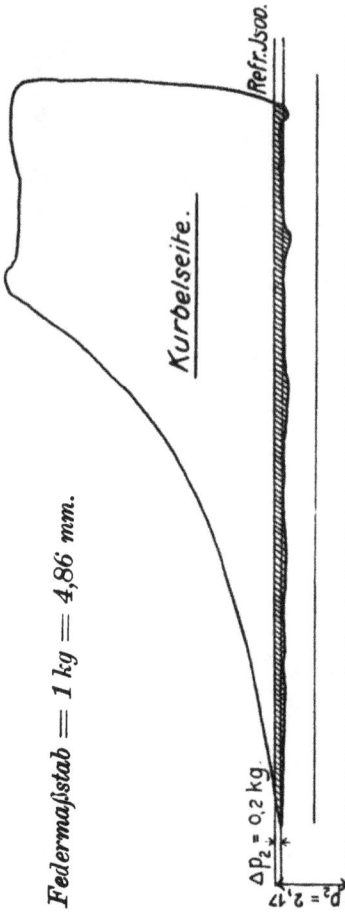

Kurbelseite.

Refr. Isob.

$\Delta p_2 = 0,2$ kg.

$p_2 = 2,17$

Federmaßstab = 1 kg = 4,65 mm.

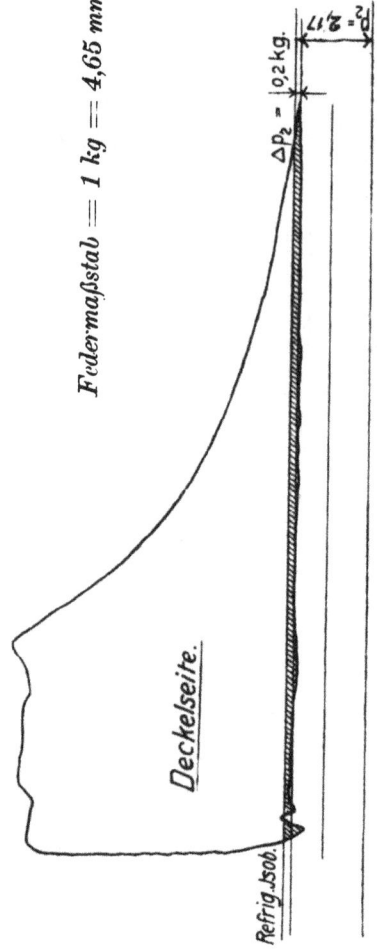

Deckelseite.

Refrig. Isob.

$\Delta p_2 = 0,2$ kg.

$p_2 = 2,17$

Schlachthof Ulm.

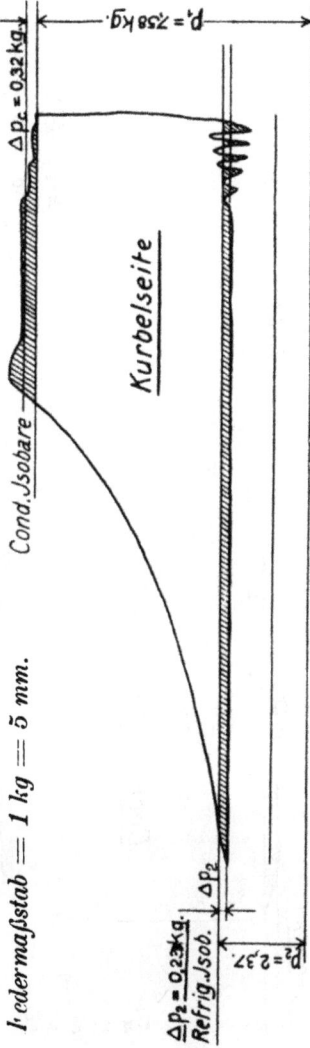

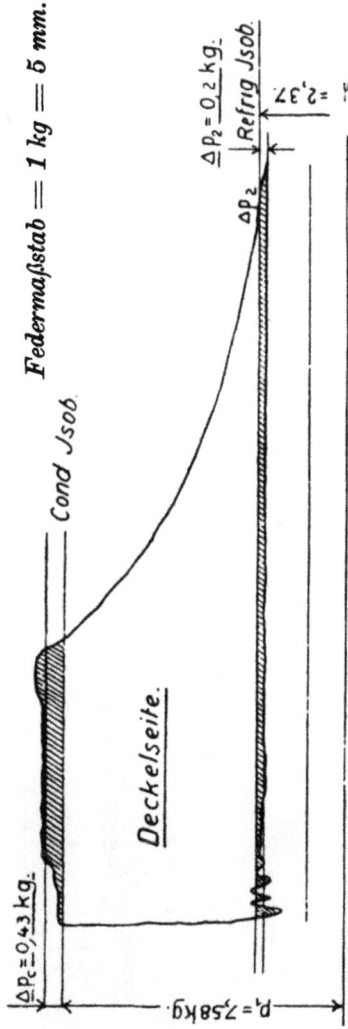

Brauerei Moninger, Karlsruhe.

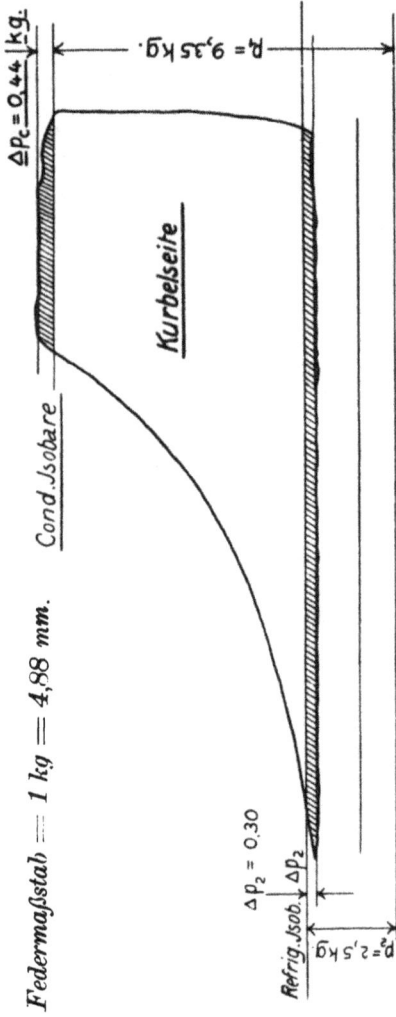

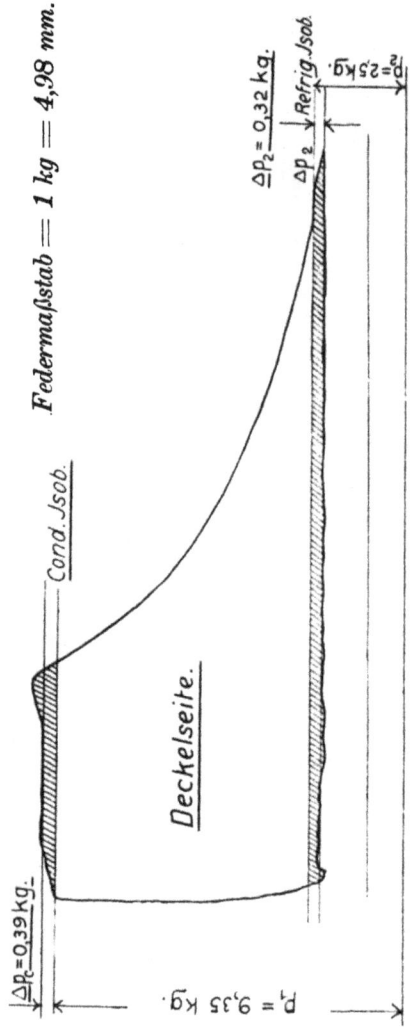

Federmaßstab = 1 kg = 4,88 mm.

$\Delta p_c = 0{,}44$ kg.

$P_1 = 9{,}35$ kg.

Cond. Isobare

Kurbelseite

$\Delta p_2 = 0{,}30$

Δp_2

Refrig. Isob.

$P_2 = 2{,}5$ kg.

Federmaßstab = 1 kg = 4,98 mm.

$\Delta p_2 = 0{,}32$ kg.

Δp_2

Refrig. Isob.

$P_2 = 2{,}5$ kg.

Cond. Jsob.

Deckelseite.

$\Delta p_c = 0{,}39$ kg.

$P_1 = 9{,}35$ kg.

Brauerei Meyer & Söhne, Riegel.

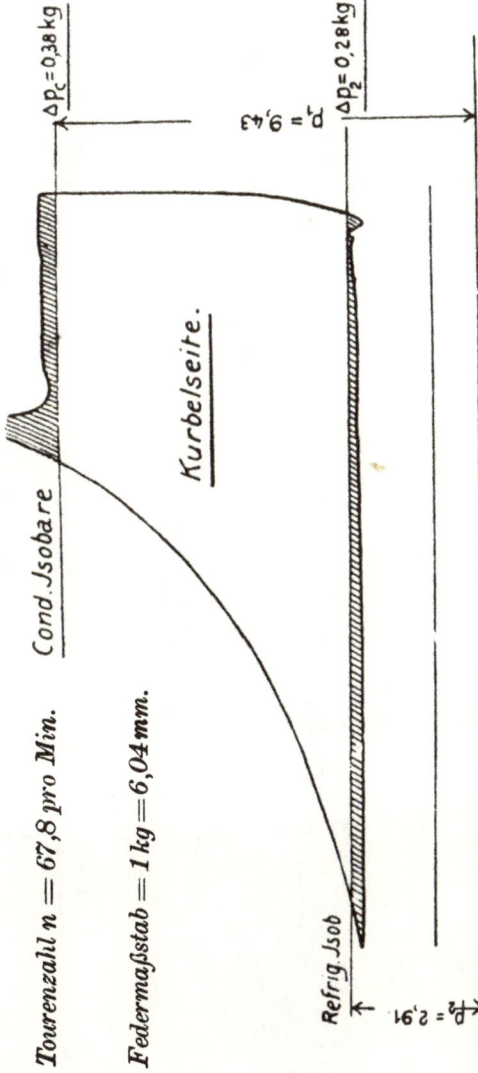

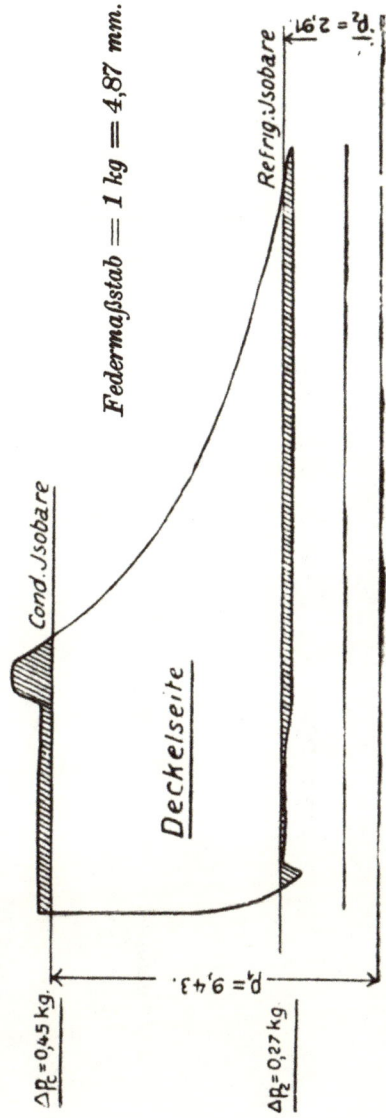

Tourenzahl n = 67,8 pro Min.

Federmaßstab = 1 kg = 6,04 mm.

Cond. Jsobare

Kurbelseite.

Refrig. Jsob

$\Delta p_c = 0,38$ kg

$p_1 = 9,43$

$\Delta p_2 = 0,28$ kg

$p_2 = 2,91$

Federmaßstab = 1 kg = 4,87 mm.

Cond. Jsobare

Deckelseite.

Refrig. Jsobare

$\Delta p_c = 0,45$ kg

$p_1 = 9,43$.

$\Delta p_2 = 0,27$ kg

$p_2 = 2,91$

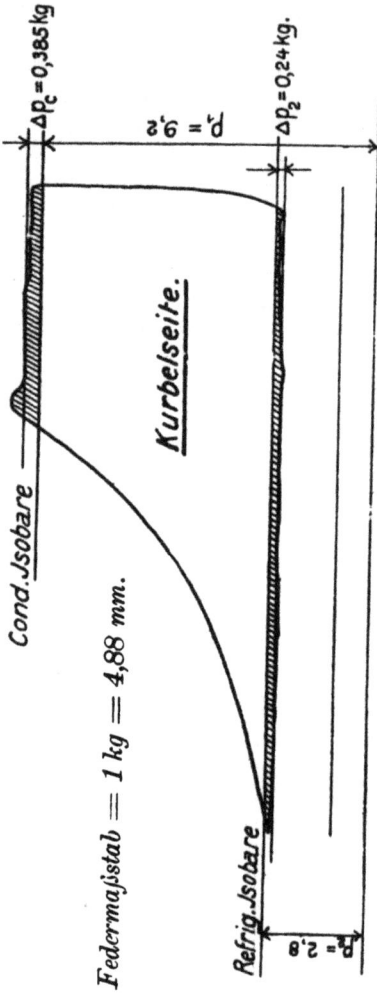

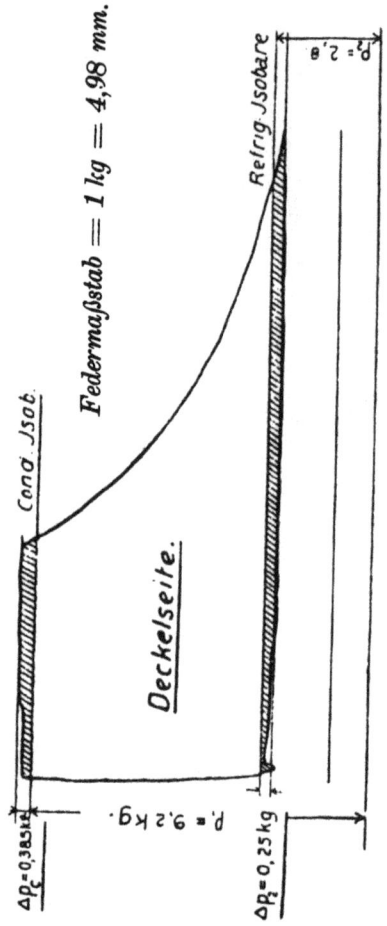

Sechster Abschnitt.

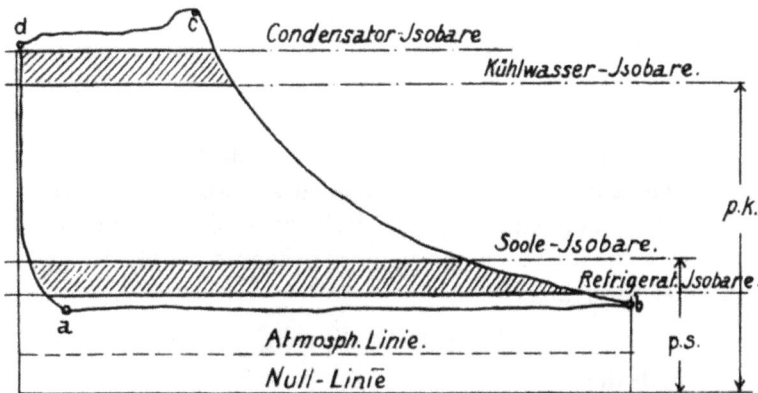

Fig. 10.

Einflufs und Wirksamkeit der Kühlflächen.

Zeichnet man in das Diagramm die Isobaren ein, welche den gegebenen, äufsersten Sole- und Kühlwassertemperaturen entsprechen, und bezeichnet die zugehörigen Drücke mit p_s und p_k, so erhält man die idealen Druck- bzw. Temperaturgrenzen des Kreisprozesses, welche sich jedoch nur bei unendlich grofsen Kühlflächen der Apparate einhalten liefsen.

Die endliche Gröfse derselben erfordert aber für den Wärmeaustausch bestimmte Temperaturgefälle zwischen den mittleren Temperaturen der Sole und des Kühlwassers einerseits und derjenigen des Kältemediums anderseits.

Nachfolgenden Untersuchungen über die Natur
dieses Wärmeaustausches sollen normale Konstruktionen
des Refrigerators und des Kondensators zugrundegelegt
werden, wie sie in dem »Schröterschen« Versuchsbericht beschrieben und dargestellt sind.

Ohne die Wirkung des Rührwerkes läge ein Gegen-
strom zwischen dem Kältemedium (Ammoniak) und der
Sole resp. dem Kühlwasser vor, bei welchem jedoch die
Temperatur des ersteren konstant ist. Die Abkühlung
der Sole beträgt in den seltensten Fällen mehr als
3^0 C; die Erwärmung des Kühlwassers meist ca. 8 bis
10^0 C. Durch die Wirkung des Rührwerkes jedoch
werden die Temperaturdifferenzen in den Apparaten
selbst noch beträchtlich verringert, so dafs hier mit den
arithmetischen Mitteln der Eintritts- und Austrittstem-
peraturen gerechnet werden darf, wobei der Wärmeübergang sich durch nachstehende bekannte Annäherungsformel ausdrücken läfst:

$$W = F \cdot k \cdot (t_a - t_m),$$

worin bedeutet:

F die gegebene äufsere Kühlfläche des Refrigerators
bzw. Kondensators,

k den Wärmeübergang pro 1 qm dieser Fläche in
einer Stunde und pro 1^0 C der Temperaturdifferenz $t_a - t_m$,

t_a die Temperatur der gesättigten Ammoniakdämpfe,

t_m die mittlere Sole- resp. Kühlwassertemperatur,
gleich dem arithmetischen Mittel aus den Temperaturen dicht vor dem Eintritt und nach dem
Austritt.

Die Annahme, dafs die dem Eintritt zunächst ge-
legenen Wasserschichten tatsächlich auch die Eintritts-
temperatur aufweisen, ist allerdings nicht zutreffend;
im Kondensator sind sie höher, im Refrigerator niedriger, und zwar wachsen die Unterschiede mit der In-

tensität der Mischung durch das Rührwerk. Diese Abweichungen in den Berechnungen zu berücksichtigen,
ist nicht opportun, da stets die Eintritts- und Austritts-
temperaturen gegeben sind. Für die empirische Berechnung und Verwertung der Wärmeleitungskoeffizienten
ist die obige Annahme statthaft.

Man sieht, daſs die wichtigste Rolle der Wärmeleitungskoeffizient k spielt, weshalb zu untersuchen ist,
von welchen Umständen die Gröſse dieses Koeffizienten
abhängt, und in welcher Weise er im voraus bestimmt
werden kann.

Zur Erforschung dieser Abhängigkeit bieten wieder
die Münchener Versuche geeignete Unterlagen, weshalb
sie auch schon von verschiedenen Seiten zu diesem
Zwecke benutzt wurden, so z. B. von Schöttler, Z. d. V.
d. I. 1893, Lorenz, Z. f. d. g. K., 4. Jahrg. 1897, Hähnlein,
Z. f. d. g. K., 1. Jahrg. und anderen.

Diese Bemühungen führten jedoch weder zu einem
wissenschaftlich begründeten, noch praktisch verwert-
baren Gesetze, so daſs man stets auf unzuverlässige
Schätzungen von k angewiesen war. Dabei machte man
aber meist den Fehler, daſs hierbei auf die Gröſse der
zu übertragenden Wärmemengen keine Rücksicht ge-
nommen, sondern k für ein und denselben Apparat als
ein konstanter Wert vorausgesetzt wurde.

Es läſst sich aber aus folgenden Überlegungen die
Unzulässigkeit dieser Annahme erkennen:

Mit der Kälteleistung vergröſsert sich das zirku-
lierende Flüssigkeits- und Dampfgewicht, wodurch die
Verteilung in die einzelnen Spiralen gleichmäſsiger wird.
Ferner wächst mit derselben die Strömungsgeschwindigkeit (bei höherer Tourenzahl), die Dichtigkeit, die Temperaturdifferenz und die Intensität der Verdampfung
resp. Kondensation. Man weiſs, daſs diese Faktoren den
Wärmeaustausch bedeutend beeinflussen.

Gewisse Beobachtungen in der Praxis drängten
aufserdem den Verfasser zu der Annahme, dafs der
Wert von k für ein und denselben Apparat eine Funktion
der Kälteleistung sein mufs, was nachfolgende Untersuchungen veranlafste.

Berechnet man das Verhältnis

$$\frac{\text{übertragene Wärmemenge}}{\text{Kühlfläche}}.$$

so ist dieser Wert, welcher in der Folge »Beanspruchung der Kühlfläche« genannt werden möge,
diejenige Wärmemenge, welche pro Stunde und 1 qm
Kühlfläche transmittiert. Es wurde nun k als Funktion
dieses Wertes graphisch dargestellt, indem man in ein
Koordinatensystem die Beanspruchungen der Kühlfläche
als Abszissen und die Werte von k als Ordinaten ein-
zeichnete.

Aus den zehn Versuchsreihen der Tabelle IV des
Schröterschen Berichtes durften jedoch nur diejenigen
berücksichtigt werden, bei welchen die Veränderlichkeit
der Beanspruchung der Kühlfläche des Refrigerators
und Kondensators nur durch das Sinken der Soletemperatur, nicht aber durch andere Faktoren hervorgerufen wurde.

Insbesondere durfte die Zirkulationsgeschwindigkeit
der Sole und des Kühlwassers in den Apparaten, welche
hauptsächlich durch die Wirksamkeit des Rührwerkes
bedingt und bekanntlich von grofsem Einflufs auf die
Wärmetransmission ist, keine Veränderung erfahren.
Für den Kondensator kam noch in Frage, dafs die Erwärmung des Kühlwassers für alle Versuche annähernd
konstant ist, da sonst die Verwendung der oben gegebenen Näherungsformel für diesen Apparat nicht gerechtfertigt wäre; deshalb mufsten die Versuchsreihen
V, IX und X ausgeschieden werden.

Auch für die übrigen Versuche kann ein vollkommen
gesetzmäſsiger Verlauf der durch die Schnittpunkte der
Abszissen und Ordinaten gelegten Kurven nicht erwartet
werden, da immer noch nachgenannte Faktoren vorhanden sind, welche die Ergebnisse beeinflussen:

Im Kondensator ist es die veränderliche Füllung,
welche mit der Verringerung der Kälteleistung, insbesondere bei trockenem Kompressorgange, wächst und
die wirksame Kühlfläche verringert. Jedenfalls waren
auch die Füllungen der Versuchsmaschinen von vornherein verschieden.

Wie in Abschnitt IV schon erwähnt wurde, diffe-
rieren die Temperaturdifferenzen zwischen Sole und
Ammoniak im Refrigerator bei ausgeführten Maschinen
bedeutend mit der Regulierung. Da nun dieselben
schon an und für sich klein sind, ca. 3 bis 5° C, werden
die Werte für k durch die Regulierung ebenfalls beträchtlich beeinfluſst.

Ferner muſsten mit sinkender Kälteleistung auch die
zirkulierenden Kühlwasser und Solemengen sich verringern.

Am Schlusse dieses Abschnittes sind die für sämtliche Münchener Versuchsmaschinen berechneten Werte
der Beanspruchungen der Kühlflächen $= \dfrac{W}{F}$ und der
Wärmeleitungskoeffizienten k in den Tabellen VIII bis
XV zusammengestellt und graphisch wiedergegeben.

Die Lage der Punkte auf sämtlichen Figuren läſst
unzweideutig erkennen, daſs k für ein und dieselbe
Kühlfläche niemals ein konstanter Wert ist, sondern mit
abnehmender Beanspruchung abnimmt.

Die Versuche an der Linde-Maschine 1890, wobei
ohne Überhitzung gearbeitet wurde, ergaben für die
Kurven der k einen auffallend gesetzmäſsigen Verlauf,
welche sich sowohl für Kondensator als auch für Refrigerator als Parabeln charakterisieren.

Linde-Maschine 1890. Kondensator.

Tabelle VIII.

Kühlfläche		Einfache Fläche = 67,3 qm						
Soletemperaturen		$+6\ +3$	$-2\ -5$	$-10\ -13$	$-18\ -21$	$+6\ +3$	$-2\ -5$	$-18\ -21$
Versuchs-	Nr.	I	II	III	IV	VI	VII	VIII
Kondensatorleistung	W_c	89 670	69 000	49 820	35 660	99 380	74 110	38 120
Kühlwassereintrittstemperatur .	t_1	9,56	9,54	9,61	9,61	9,23	9,00	9,08
Kühlwasseraustrittstemperatur .	t_2	19,76	19,63	19,84	19,72	19,68	19,62	19,81
Mittlere Kühlwassertemperatur .	$\frac{t_1+t_2}{2}$	14,66	14,585	14,725	14,665	14,455	14,31	14,445
NH_3 Kondensatortemperatur .	t_c	22,45	21,53	20,72	20,34	20,55	21,53	20,12
Mittlere Temperaturdifferenz .	$d=t_c-\frac{t_1+t_2}{2}$	7,79	6,945	6,00	5,675	8,09	7,22	5,675
Beanspruch. pro 1 qm Kühlfläche	$\frac{W_c}{F}$	1333	1025	740	530	1477	1101	566
Wärmeleitungskoeffizient	k	171	148	123	93,5	182	152	100

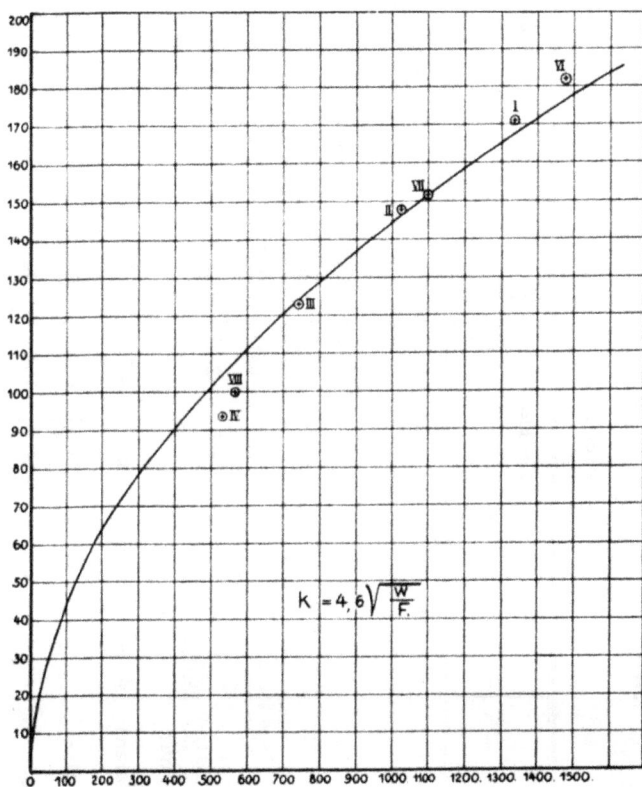

$$k = 4{,}6 \sqrt{\frac{W}{F}}$$

Linde-Maschine 1890. Refrigerator.

Tabelle IX.

Kühlfläche	Einfache Fläche = 71 qm				Doppelte Fläche = 142 qm		
Soletemperaturen	+6 +8	-2 -5	-10 -13	-18 -21	+6 +8	-2 -5	-18 -21
Versuchs-Nr.	I	II	III	IV	VI	VII	VIII
Refrigeratorleistung W_e	78 140	58 110	39 780	26 860	88 980	64 390	29 520
Soleeintrittstemperatur t_1	+6,00	-2,02	-9,99	-17,92	+6,49	-2,04	-18,00
Soleaustrittstemperatur t_2	+2,89	-5,02	-12,91	-20,82	+2,91	-5,01	-20,98
Mittlere Soletemperatur $\frac{t_1+t_2}{2}$	+4,445	-3,52	-11,45	-19,37	+4,7	-3,525	-19,465
NH, Refrigeratortemperatur t_v	-2,91	-9,77	-17,43	-24,3	-0,76	-8,085	-22,805
Mittlere Temperaturdifferenz $d_v = t_v - \frac{t_1+t_2}{2}$	7,355	6,25	5,98	4,93	5,46	4,51	3,87
Beanspruch. pro 1 qm Refr.-Fl. $\frac{W_e}{F}$	1100	818	560	378	626	453	208
Wärmeleitungskoeffizient k	149,5	131	94	76,5	115	100	62

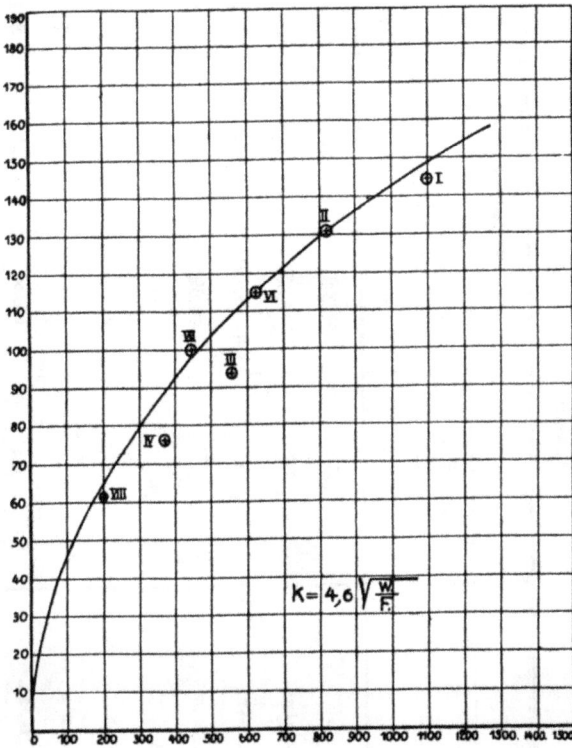

$$K = 4{,}6\,\sqrt{\frac{W}{F}}$$

Linde-Maschine 1893. Kondensator.

Tabelle X.

Kühlfläche	Einfache Fläche			
Soletemperatur	$+6 + 3$	$- 2 - 5$	$- 10 - 13$	$- 18 - 21$
Versuchs-Nr.	I	II	III	IV
Kondensatorleistung . . . . . W_c	95 345	75 963	54 128	40 049
Kühlwasser-Eintrittstemperatur t_1 °C	$+9{,}351$	$+9{,}709$	$+9{,}406$	$+9{,}489$
Kühlwasser-Austrittstemperatur t_2 °C	$+19{,}291$	$20{,}007$	$19{,}601$	$19{,}598$
Mittlere Kühlwassertemperatur $\frac{t_1+t_2}{2}$	$14{,}32$	$14{,}86$	$14{,}50$	$14{,}54$
Kondensatordruck, absolut p_c	$9{,}15$	$9{,}08$	$8{,}47$	$8{,}59$
NH$_3$ Kondensatortemperatur t_c °C	$21{,}19$	$20{,}96$	$19{,}81$	$19{,}25$
Mittlere Temperaturdifferenz $d = t_c - \frac{t_1+t_2}{2}$	$6{,}87$	$6{,}10$	$5{,}3$	$4{,}71$
Beanspruchung pro 1 qm K.-Fl. $\frac{W_c}{F}$ Kal.	1416	1128	804	595
Wärmedurchgangskoeffizient k	206	185	152	126

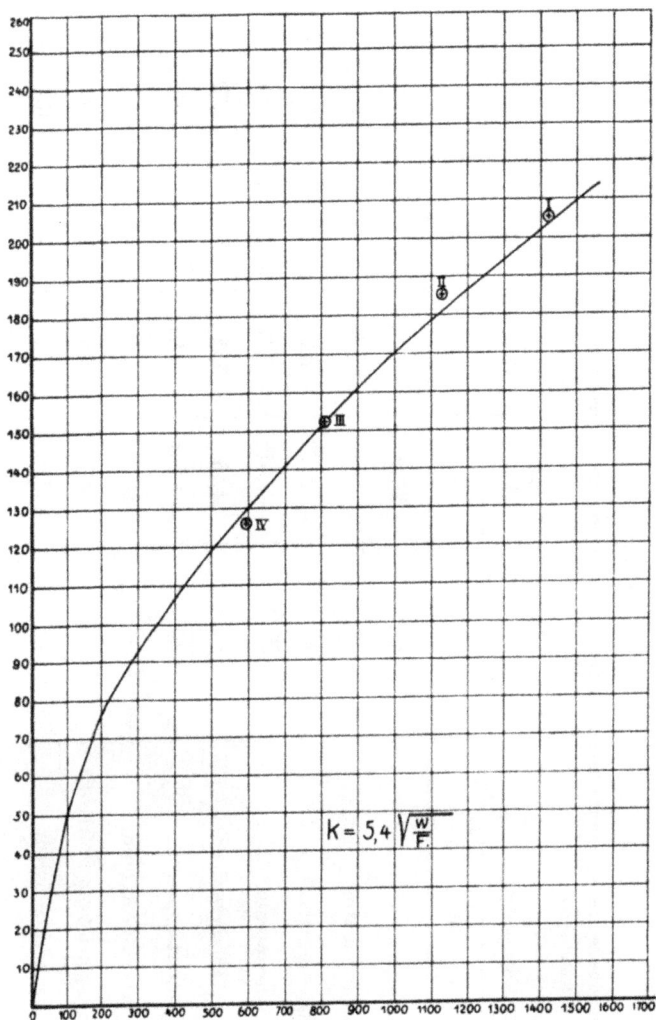

$$k = 5,4 \sqrt{\frac{w}{F}}$$

Linde-Maschine 1893. Refrigerator.

Tabelle XI.

Kühlfläche		Einfache Fläche				
Soletemperaturen		$+6 +3$	$-2 -5$	$-10 -18$	$-18 -21$	$-2 -5$
Versuchs-	Nr.	I	II	III	IV	V
Refrigeratorleistung	W_e	8642	66515	43539	30611	55511
Soleeintrittstemperatur . . .	t_1	$+6,219$	$-2,031$	$-10,026$	$-17,933$	$-2,083$
Soleaustrittstemperatur . . .	t_2	$+2,808$	$-5,069$	$-12,905$	$-21,044$	$-4,960$
Mittlere Soletemperatur	$\frac{t_1+t_2}{2}$	$+4,513$	$-3,55$	$-11,466$	$-19,488$	$-3,52$
Refrigerator-Manometerdruck . .	p_v	$4,18$	$3,29$	$2,89$	$1,70$	$3,2$
NH_3 Refrigeratortemperatur . .	t_v	$-1,104$	$-7,2$	$-14,82$	$-22,57$	$-7,88$
Mittlere Temperaturdifferenz . .	$d_v = t_v - \frac{t_1+t_2}{2}$	$5,617$	$3,65$	$3,36$	$3,08$	$4,68$
Beanspruchung pro 1 qm Refrig.-Fl.	$\frac{W_e}{F}$	1217	936	613	431	782
Wärmedurchgangskoeffizient . .	k	217	255	182	139	168

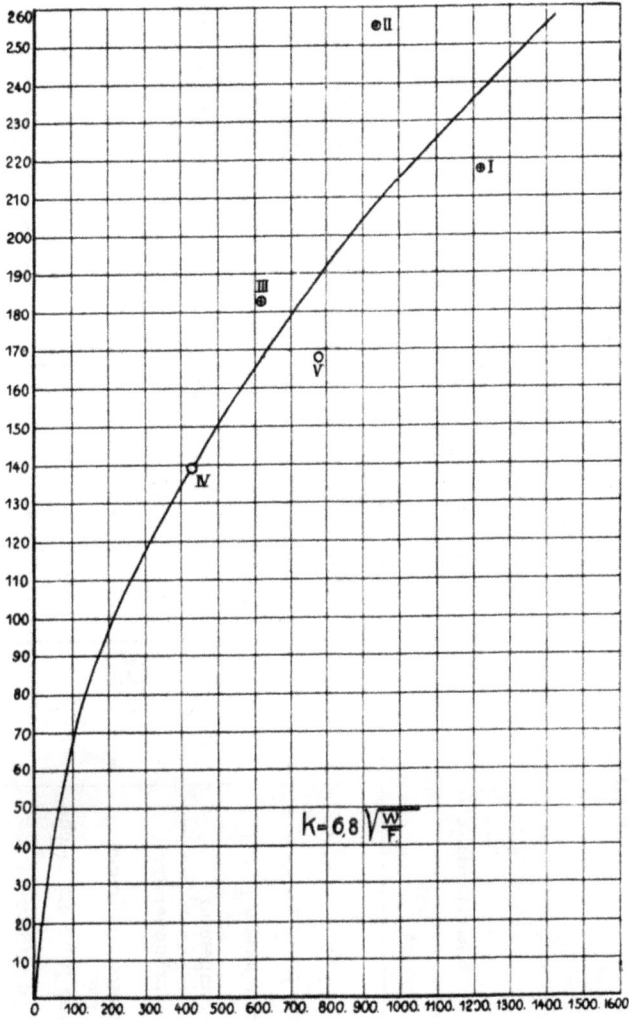

$$k = 6.8 \sqrt{\frac{w}{F}}$$

Nürnberger Maschine 1892. Refrigerator.

Tabelle XII.

Kühlfläche		Einfache Fläche 75,88					Doppelte Fläche 150,94		
Soletemperaturen		+6 +3	−2 −5	−10 −13	−18 −21	−2 −5	+6 +8	−2 −5	−18 −21
Versuch	Nr.	I	II	III	IV	V	VI	VII	VIII
Refrigeratorleistung · · · · ·	W_e	87 792	65 172	43 927	29 066	49 917	98 722	68 201	33 679
Soleeintrittstemperatur · · · ·	t_1	+6,244	−2,02	−9,933	−17,982	−2,009	+6,496	−2,026	−18,03
Soleaustrittstemperatur · · · · ·	t_2	+2,808	−5,01	−12,916	−20,828	−5,002	+2,657	−5,038	−20,988
Mittlere Soletemperatur · · · ·	$\frac{t_1+t_2}{2}$	+4,52	−3,51	−11,43	−19,405	−3,5	+4,58	−3,53	−19,50
NH$_3$ Refrigeratortemperatur · ·	t_v	−1,25	−8,7	−15,9	−23,9	−8,2	+0,35	−6,6	−23,0
Mittlere Temperaturdifferenz ·	$t_v - \frac{t_1+t_2}{2}$	5,77	4,2	4,5	4,5	4,7	4,23	3,1	3,5
Beanspruchung pro 1 qm Fläche	$\frac{W_e}{F}$	1160	860	580	382	592	655	453	223
Wärmeleitungskoeffizient · · · ·	k	201	205	129	85	126	155	146	63,6

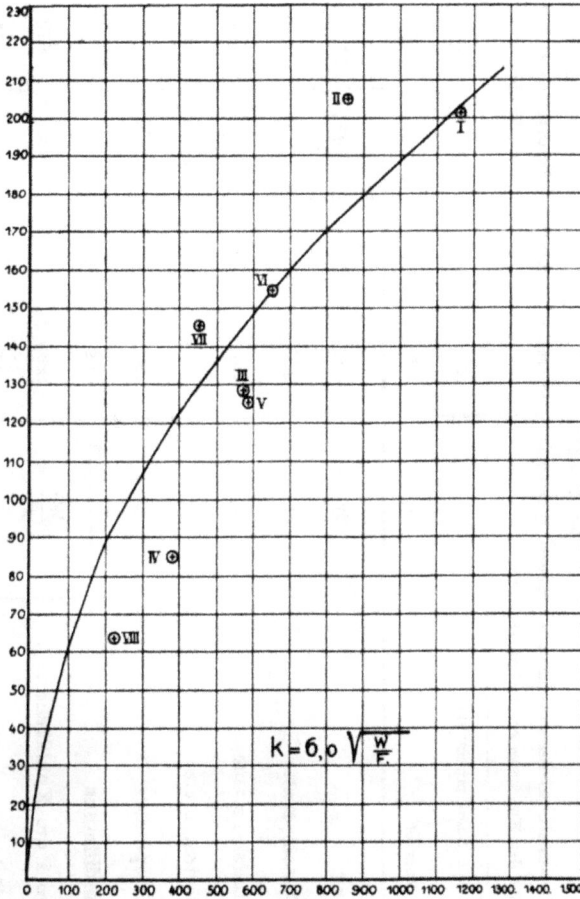

$$k = 6{,}0 \sqrt{\frac{w}{F}}$$

Seyboth-Maschine 1892. Kondensator.

Tabelle XIII.

Kühlfläche des Kondensators außen 76,56 qm

Versuch	Nr.	Einfache Fläche				
Soletemperaturen		+6 +3	+6 +3	-2 -5	-10 -18	-18 -21
		I	Ia	II	III	IV
Kondensatorleistung	W_c	94 567	91 331	68 991	51 257	88 784
Kühlwasser-Eintrittstemperatur . .	t_1	9,77	9,73	9,64	9,69	9,45
Kühlwasser-Austrittstemperatur . .	t_2	19,7	19,6	19,7	19,67	19,61
Mittlere Kühlwassertemperatur . .	$\frac{t_1+t_2}{2}$	14,73	14,66	14,67	14,68	14,53
NH₃ Kondensatortemperatur . .	t_c	21,2	21,05	21,07	20,5	20,55
Mittlere Temperaturdifferenz . .	$t_c - \frac{t_1+t_2}{2}$	6,5	6,4	6,4	5,8	6,0
Beanspruchung pro 1 qm Kühlfläche . .	$\frac{W_c}{F}$	1285	1192	900	670	440
Wärmeleitungskoeffizienten . .	k	190	186	140	115	73,4

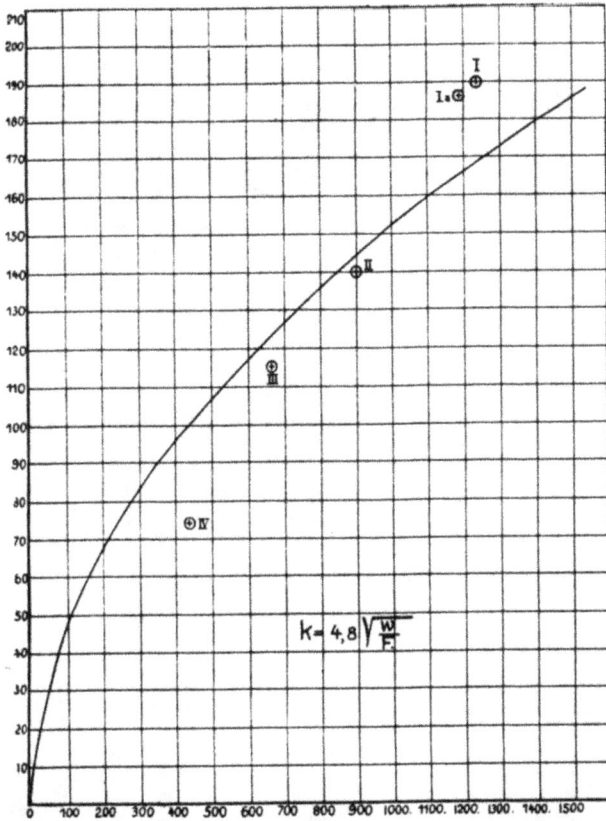

$$k = 4{,}8 \sqrt{\frac{w}{F}}$$

Seyboth-Maschine 1892. Refrigerator.
Tabelle XIV.

Kühlfläche außen = 79,7 qm

Versuch	Nr.	Einfache Fläche					
Soletemperaturen		$+6+3$	$+6+3$	$-2-5$	$-10-13$	$-18-21$	$-2-5$
		I	Ia	II	III	IV	V
Refrigeratorleistung	W_e	91 176	86 451	64 336	45 971	29 689	55 858
Soleeintrittstemperatur	t_1 °C	$+6,15$	$+5,94$	$-1,99$	$-9,98$	$-17,92$	$-2,01$
Soleaustrittstemperatur	t_2 °C	$+3,01$	$+2,99$	$-5,00$	$-12,97$	$-20,89$	$-5,04$
Mittlere Soletemperatur	$\frac{t_1+t_2}{2}$	4,58	4,46	$-3,5$	$-11,48$	$-19,4$	$-3,52$
NH₃ Refrigeratortemperatur	t_v °C	$-1,8$	$-2,3$	$-9,1$	$-15,4$	$-22,6$	$-8,2$
Mittlere Temperaturdifferenz	$t_v - \frac{t_1+t_2}{1}$	6,4	6,76	5,6	3,9	3,2	4,7
Beanspruchung pro 1 qm Verd.Fläche	$\frac{W_e}{F}$	1145	1080	808	576	372	700
Wärmedurchgangskoeffizient	k	179	160	144	147	116	149

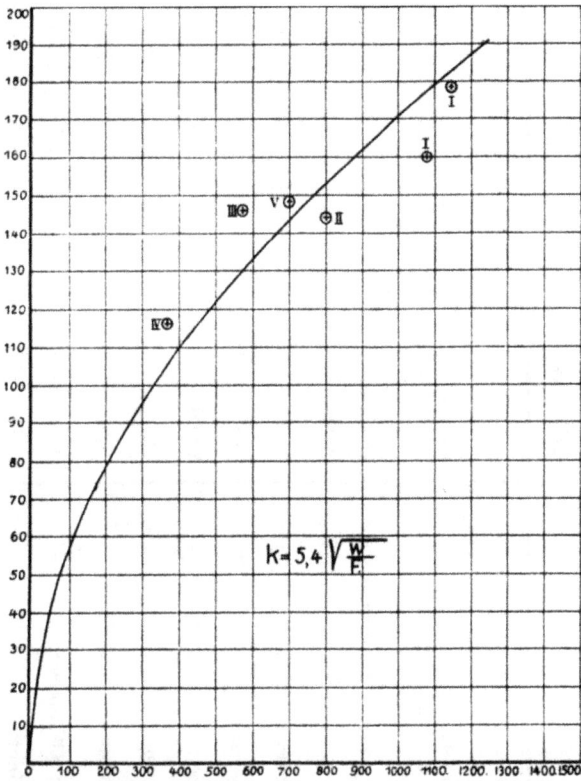

$$k = 5,4 \sqrt{\frac{W}{F}}$$

Nürnberger Maschine 1892. Kondensator.

Tabelle XV.

Versuch	Nr.	Einfache Fläche				Doppelte Fläche		
Soletemperaturen		$+6 \; +3$	$-2 \; -5$	$-10 \; -13$	$-18 \; -21$	$+6 \; +3$	$-2 \; -5$	$-18 \; -21$
		I	II	III	IV	V	VI	VII
Kondensatorleistung	W_c	97 116	73 396	53 473	36 150	109 563	78 166	41 368
Kühlwasser-Eintrittstemperatur . .	t_1	9,885	9,842	10,088	10,044	10,047	10,072	10,108
Kühlwasser-Austrittstemperatur . .	t_2	19,840	19,743	19,795	19,793	19,992	19,833	19,839
Mittlere Kühlwassertemperatur . .	$\frac{t_1+t_2}{2}$	14,86	14,79	14,94	14,92	15,02	14,95	14,97
NH$_3$ Kondensatortemperatur . .	t_c	22	21,5	20,9	20,7	21,9	21	20,4
Mittlere Temperaturdifferenz . . .	$t_c - \frac{t_1+t_2}{2}$	7,94	6,71	5,96	5,78	6,88	6,05	5,48
Beanspruchung pro 1 qm Kühlfläche . .	$\frac{W_c}{F}$	1330	1010	734	495	1500	1070	568
Wärmedurchgangskoeffizient . . .	k	186	151	123	85,5	214	177	104

Kühlfläche = 72,86 qm

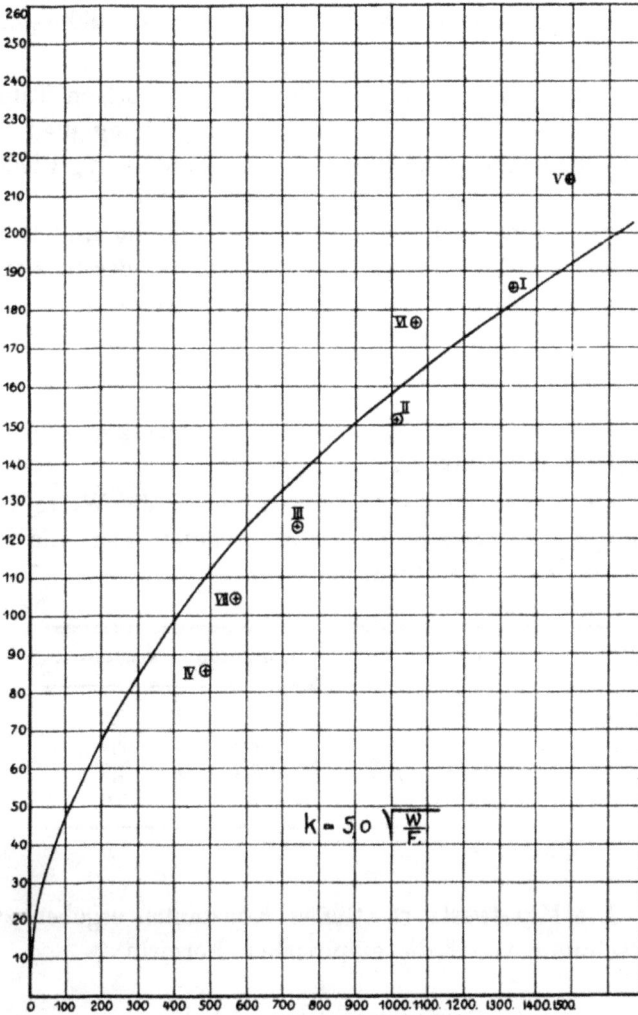

$$k = 50 \sqrt{\frac{W}{F}}$$

Diese Versuche sind für den vorliegenden Zweck auch die geeignetsten, da der oben erwähnte Einfluß der Regulierung sowohl als auch der veränderlichen Füllung im Kondensator auf die Temperaturdifferenzen am geringsten war.

Aber auch durch die Punkte der übrigen Tafeln lassen sich Parabeln legen, welche die Abhängigkeit der k von der Beanspruchung mit guter Annäherung wiedergeben.

Es ergibt sich also für die Berechnung und Beurteilung der Wirksamkeit der Kühlflächen der in Frage stehenden Apparate das empirische Gesetz:

$$k = \text{Konstans} \ \sqrt{\frac{W}{F}}.$$

Die Größe der Konstanten ist abhängig von der Güte der Konstruktion der Apparate.

Die nachfolgende Zusammenstellung der Werte von k für die Münchener Versuchsmaschinen zeigt die beträchtlichen Unterschiede derselben.

Maschinen	Refrigerator	Kondensator
Linde 1890	4,6	4,6
Linde 1893	6,8	5,4
Seyboth 1892	5,4	4,8
Nürnberg 1892 . . .	6,0	5,0
Mittelwerte	5,7	5,0

Die Mittelwerte sämtlicher Konstanten ergeben zur Berechnung von k die empirischen Formeln:

$$\text{Refrigerator} \ k = 5,7 \ \sqrt{\frac{W}{F}}$$

$$\text{Kondensator} \ k = 5,0 \ \sqrt{\frac{W}{F}}.$$

Nach neueren Versuchen des Verfassers können bei günstiger Wahl der Füllung für die Kondensatoren weit höhere Werte erzielt werden, für die Refrigeratoren jedoch nicht.

Es kann daher für beide Apparate zur Berechnung von k die gleiche Formel Verwendung finden, nämlich:

$$k = 5.7 \sqrt{\frac{W}{F}}.$$

Die mittleren Temperaturendifferenzen zwischen Ammoniak und Sole im Refrigerator einerseits $= d_r$ und dem Kühlwasser anderseits $= d_c$ berechnen sich nun mit Hilfe dieser Relation für k aus folgender Formel:

$$d_r \text{ resp. } d_c = \frac{W}{k \cdot F} = \frac{1}{5.7} \sqrt{\frac{W}{F}} = 0.18 \sqrt{\frac{W}{F}}.$$

Die Werte für k 5,7 resp. 0,18 beziehen sich auf Maschinen ohne Überhitzungseinrichtung mit mäßig warmen Druckrohren.

Bei Einschaltung einer Überhitzungseinrichtung wird der Refrigerator sehr flüssigkeitsreich, der Kondensator dagegen flüssigkeitsarm. Für die Wirksamkeit des Wärmeaustausches sind beide Zustände aufserordentlich günstig; aus Versuchen an solchen Maschinen wurde k 6,7 und 0,15 ermittelt.

Aus diesen Untersuchungen wurde auf empirischem Wege ein ziemlich gesetzmäfsiges Verhalten der Wärmeübertragung in den Refrigeratoren und Kondensatoren der Kältemaschinen festgestellt, welches sich theoretisch folgendermafsen ausdrücken läfst:

Für die Gleichung der Parabel gilt:

$$k = \text{Konstans} \sqrt{\frac{W}{F}}$$
$$W = k \cdot F \cdot d.$$

Es ist aber auch aus diesen beiden Gleichungen

$$W = \text{Konstans} \cdot F \cdot d^2.$$

d.. bedeutet hierin die Temperaturdifferenz zwischen Kühlwasser und Sole einerseits und dem Kältemedium anderseits. Die erhaltene Formel sagt, daſs die von ein und demselben Apparat übertragene Wärmemenge proportional ist dem Quadrat der Temperatur-differenz. Eine ähnliche rechnerische Ableitung der Gröſse der Wärmeleitungskoeffizienten hat Hähnlein an Hand des Schröterschen Berichtes über die Münchener Versuche 1890 angestellt, wobei er zu dem analogen Resultat gelangt ist.

Auch an anderen Apparaten, bei welchen der Wärme-austausch eine wichtige Rolle spielt, z. B. bei Dampf-kesseln, Vorwärmern etc. wurde gefunden, daſs die Wärmeübertragung annähernd proportional ist dem Quadrat der Temperaturdifferenz.

Trotzdem scheint es dem Verfasser nicht statthaft, aus diesen empirischen Ergebnissen ein allgemein gültiges Gesetz für die Wärmetransmission herzuleiten, da sich dasselbe nicht wissenschaftlich begründen läſst, wenn man auf die verwickelten Vorgänge der Wärmeüber-tragung in den vorliegenden Apparaten näher eingeht.

Siebenter Abschnitt.

Nutzanwendungen.

Die Ergebnisse der vorliegenden Abhandlung gestatten nun die verschiedenartigsten Nutzanwendungen,
von welchen zunächst die Leistungsberechnung einer
ausgeführten Maschine bei gegebenen mittleren Salz-
wasser- und Kühlwassertemperaturen sowie Tourenzahl
gezeigt werden soll.

Unter diesen Voraussetzungen lassen sich, von den
mittleren Salzwasser- und Kühlwassertemperaturen aus-
gehend, zunächst die mittleren Temperaturdifferenzen
zwischen ihnen und dem Kältemedium im Refrigerator
resp. Kondensator berechnen.

Für erstere könnte zweckmäßig die Bezeichnung

Refrigeratordifferenz $= d_r$ und für letztere
Kondensatordifferenz $= d_c$ eingeführt werden.

Im Abschnitt VI ergaben sich für beide Apparate
der Wärmeleitungskoeffizient aus der Formel

ohne Überhitzungs-Einrichtung $k = 5{,}7 \sqrt{\dfrac{W}{F}}$; mit Über-

hitzungs-Einrichtung $k = 6{,}7 \cdot \sqrt{\dfrac{W}{F}}$ und die Temperatur-

differenzen ohne Überhitzungs-Einrichtung d_r resp. $d_c =$

$0{,}18 \sqrt{\dfrac{W}{F}}$, mit Überhitzungs-Einrichtung $= 0{,}15 \cdot \sqrt{\dfrac{W}{F}}$.

Aus folgenden Berechnungen resultieren nun mit Hilfe obiger Werte die Temperaturen des Mediums im Refrigerator uud Kondensator, welche mit

Refrigerator- und Kondensatortemperaturen

treffend bezeichnet werden können.

Ist nach früherem, Abschnitt VI,

die mittlere Soletemperatur $= t_s$
die mittlere Kühlwassertemperatur $= t_k$,

so ist die Refrigeratortemperatur $= t_s + d_r = t_2$
und die Kondensatortemperatur $= t_k + d_c = t_1$.

Zu t_2 und t_1 sind die entsprechenden Drücke p_2 und p_1 den Tabellen für gesättigte Ammoniakdämpfe zu entnehmen.

Um nun die obersten und untersten Drücke im Diagramm selbst zu erhalten, müssen die Ventil- und Leitungswiderstände nach den Formeln des Abschnittes V annähernd bestimmt werden, und zwar ist

$$\varDelta p_2 = 125 \cdot \gamma_2 \cdot v^2$$
$$\varDelta p_c = 55 \cdot \gamma_c \cdot v^2$$

(zur Bestimmung von γ_c mufs $\varDelta p_c$ vorerst geschätzt werden; zu ca. 0,2 bis 0,5 kg/qcm, je nach der Gröfse der Kolbengeschwindigkeit und des Verlaufs der Leitung).

Die äufsersten Druckgrenzen des Arbeitsprozesses im Kompressorzylinder sind nun

$$p_a = p_2 - \varDelta p_2$$
$$p_c = p_1 + \varDelta p_c.$$

Mit diesen Werten berechnet sich nach Abschnitt III die indizierte Kälteleistuug unter Annahme eines den Verhältnissen angepafsten volumetrischen Wirkungs- grades (Abschnitt II)

$$W_i = 120 \cdot n \cdot \eta_v \cdot \frac{V_c}{v_a} \left(r_2 - \frac{1}{x_a} \cdot q \right)$$

oder annähernd

$$W_i = 36\,000 \cdot n \cdot \eta_v \cdot \frac{V_c}{v_a}$$

(V_c in Liter und v_a in Liter; siehe Tabelle IV, Seite 47).

Die Ermittelung der effektiven Kälteleistung, für welche zweckmäfsig der Ausdruck »Refrigeratorleistung« eingeführt würde, erfordert die Wahl eines passenden, indizierten Wirkungsgrades η_i nach Abschnitt IV, womit die Refrigeratorleistung $= W_e = \eta_i \cdot W_i$ wird.

Man kann auch, wenn η_i und η_v für die einzelnen Maschinentypen durch Versuche oder Erfahrungen bekannt sind, die Refrigeratorleistung direkt berechnen aus der Formel:

$$W_e = 36\,000 \cdot \left(\eta_i \cdot \eta_v\right) \cdot n\, \frac{V_c}{v_a}.$$

Nach Abschnitt III kann mit ziemlicher Zuverlässigkeit für die ermittelten Druckgrenzen p_a und p_c die indizierte Arbeit berechnet werden aus der Formel:

$$N_i = 0{,}0018 \cdot n \cdot p_a \cdot V_c \underbrace{\left[\left(\frac{p_c}{p_a}\right)^{0{,}242} - 1\right]}_{a}$$

(p_a in kg/qm, p_c in kg/qm ; V_c in cbm, a nach Tabelle V Seite 50).

So erhält man für jede gegebene Maschinentype für beliebig gewählte Salzwasser- und Kühlwassertemperaturen oder Refrigerator- und Kondensatortemperaturen die üblichen Garantiezahlen für die Leistung derselben, welche bei normal arbeitenden Maschinen sich jederzeit nachweisen lassen müssen.

Auch die Berechnung der Hauptdimensionen neuer Maschinen für bestimmte Leistungen unter gegebenen Temperaturverhältnissen ist in analoger Weise leicht durchzuführen; insbesondere aber eignen sich die Methoden dieser Abhandlung zur Prüfung der Versuchsergebnisse ausgeführter Kühlanlagen und insbesondere

8*

zur Kontrolle der Güte und Wirksamkeit der einzelnen
Bestandteile, resp. zur Auffindung von Fehlern und
Störungen.

Hat man die wirkliche Kälteleistung ermittelt und
liegt gleichzeitig ein zugehöriges mittleres Diagramm
der Maschine vor, so kann der indizierte Wirkungsgrad
berechnet und als Kriterium benutzt werden für die
Güte und Ausführung des Kompressors, die richtige
Funktion seiner inneren Organe, die Qualität der Füllung und die richtige Regulierung des Kompressorganges;
durch Einzeichnen der trockenen Adiabate in das Diagramm erhält man über die Dichtheit von Ventil und
Kolben und über den Kompressorgang weiteren Aufschluſs.

Die aus den Diagrammen mit Hilfe der abgelesenen
Manometerdrücke sich ergebenden Ventil- und Leitungswiderstände können durch die Formeln des Abschnittes V
kontrolliert und beurteilt werden, wobei sich Störungen
des Ventilspieles und auſsergewöhnliche Widerstände in
den Leitungen bemerkbar machen würden; endlich läſst
sich durch die nach Abschnitt VI berechneten Werte
von k die Wirksamkeit der Refrigerator- und Konden-
sator-Kühlflächen kontrollieren.

Die Formeln für Kälteleistung, indizierte Arbeit,
Ventilwiderstände und Temperaturdifferenzen in den
Apparaten gestatten nach Ansicht des Verfassers ferner
noch präzise Umrechnung von Versuchsergebnissen ausgeführter Kühlmaschinen auf andere Temperaturen des
Kühlwassers und des Salzwassers, andere Kühlwasser-
mengen, andere Kälteleistungen oder Tourenzahlen, als
sie beim Versuch selbst sich ergeben hatten.

Für diese Umrechnungen wurden bisher meist aus
der allgemeinen Theorie abgeleitete Formeln benutzt,
welche insbesondere die gleichzeitige Änderung der
Ventilwiderstände und der Temperaturdifferenzen in den
Apparaten nicht berücksichtigen.

Der Verfasser erlaubt sich noch am Schlusse besonders zu betonen, dafs die Ergebnisse dieser Abhandlung zunächst nur auf die Ammoniak-Kaltdampf-
Maschinen von der normalen Konstruktion, wie sie dem
Münchener Versuche zugrundelag, beschränkt wurde. Es
hätte zu weit geführt, auch auf die hiervon abweichenden Typen der Refrigeratoren und Kondensatoren ein-
zugehen. Die abgeleiteten, allgemeinen Formeln sind
wahrscheinlich auch hierfür gültig, nicht aber deren
Koeffizienten.

Achter Abschnitt.

Überhitzungseinrichtung und selbsttätiges Regulier-verfahren.

Im vierten Abschnitt auf Seite 57 ist bewiesen worden, daſs mit zunehmender Druckrohrtemperatur η_1 wächst, aber η_2 abnimmt; weil der Refrigeratordruck mit ab-nehmendem Flüssigkeitsgehalt im Refrigerator sinkt. — Daraus folgt zur Erzielung der Höchstleistung einer Kom-pressionsmaschine der Leitsatz: »Man muſs im Refrigera-tor möglichst naſs und im Kompressor möglichst trocken arbeiten«. Im Jahre 1900 schlug ich zur Durchführung die-ses Prinzips die Einschaltung eines Flüssigkeitsabschei-ders in die Saugleitung zwischen Refrigerator und Kom-pressor und Rückführung der abgeschiedenen Flüssigkeit in den Refrigerator vor. Die gleiche Einrichtung hatte sich die Gesellschaft Linde schon im Jahre 1896 zu an-dern Zwecken patentieren lassen, nämlich zur Verhütung von Flüssigkeitsschlägen im Kompressor bei Luftkühlung durch das verdampfende Kältemittel. Mit einer solchen Einrichtung wurde dann die Maschine der Brauerei Printz in Karlsruhe zu Versuchszwecken ausgerüstet und unter-sucht. Sie muſs als erste Überhitzungseinrichtung im heutigen Sinne bezeichnet werden. Die Versuche zeitig-ten aber keinen merklichen Erfolg, da der Flüssigkeits-abscheider zu klein bemessen und zu niedrig angeord-net war. Die Flüssigkeitsabscheidung und Rückführung war daher eine nur sehr unvollkommene.

Inzwischen hatte sich auch Ingenieur Schmitz in Berlin mit ähnlichen Studien befalst und erwarb im Jahre 1903 ein Patent 130647 auf eine Einrichtung zur Verbesserung der Regulierung, welche sowohl Flüssigkeitsabscheidung als auch Rückführung bedingte und sich nur in der Ausführung von meinem Vorschlage unterscheidet. In Gemeinschaft mit der »Gesellschaft Linde«, welcher das Schmitzsche Patent angeboten worden war, führte Herr Schmitz Versuche nach seinem Verfahren an einer Lindemaschine im Eiswerk Antwerpen aus, welche dadurch mit voller Überhitzung arbeitete und Mehrleistungen von ungefähr 15 Prozent erzielte.

Kurze Zeit darauf wurde dieselbe Maschine mit einer Überhitzungseinrichtung nach meinem früheren Vorschlage, also nach dem älteren Lindeschen Patente versehen, und die Versuche ergaben annähernd die gleiche, ja noch eine etwas höhere Leistungssteigerung.

In Tafel II Fig. 1 ist die Maschine, mit dieser Einrichtung versehen, schematisch dargestellt, und es bedarf nach dem Vorausgegangenen nur weniger Worte zur Erklärung.

In die Saugleitung zwischen Refrigerator und Kompressor ist ein Abscheidegefäls eingeschaltet, in welchem sich die Flüssigkeitsteilchen aus dem nassen Dampfe abscheiden und am Boden sammeln.

Die abgeschiedene Flüssigkeit kann entweder durch ihr Gewicht in den Refrigerator zurückfließen, wenn der Abscheider hoch genug steht, oder sie wird durch zwangläufige Vorrichtungen, z. B. mittels einer Pumpe zurückgefördert. Das Lindesche Patent sieht außer diesen Arten der Rückführung in den Refrigerator auch noch Rückführung in den Kondensator vor, worauf ich später noch zurückkommen werde.

Das eingangs erwähnte Schmitzsche Verfahren unterscheidet sich von dem Lindeschen wesentlich dadurch, daß der vom Regulierventil kommende nasse

Dampf nicht zuerst in den Refrigerator, sondern in den Abscheider eintritt.

Im Gegensatz zu häufig herrschenden Anschauungen haben wir nach dem Durchströmen durch das Regulierventil in der sogenannten Flüssigkeitsleitung nicht vorwiegend tropfbare Flüssigkeit, sondern sehr nassen Dampf.

Dem Gewichte nach enthält hier 1 kg des Kältemittels wohl nur rund 0,1 kg Dampf und 0,9 kg Flüssigkeit, dem Volumen nach sind aber in einem Kubikmeter des Gemisches nur rund 30 l Flüssigkeit und 970 l Dampf enthalten.

Bei Schmitz trennt sich im Abscheider die Flüssigkeit vom Dampf, welch letzterer durch die Saugleitung unmittelbar dem Kompressor zuströmt, während in den Refrigerator nur die reine Flüssigkeit fließt, zu welcher sich auch noch diejenige gesellt, welche im Abscheider aus dem vom Refrigerator kommenden nassen Dampf abgeschieden wurde.

Ein besonderer Vorteil des Schmitzschen Verfahrens für die Wirksamkeit des Refrigerators oder für die Regulierung hat sich aus den bisherigen Versuchen nicht ergeben, dagegen ist bei ihm der Widerstand, welchen der Refrigerator dem eintretenden Kältemittel entgegengesetzt, viel geringer, und es genügt deshalb auch eine geringere Höhenlage des Abscheiders zur selbsttätigen Flüssigkeitsrückführung in den Refrigerator. Hierin liegt ein Vorteil, wenn man die Pumpe vermeiden will. Anderseits aber besteht bei Schmitz die Gefahr des unmittelbaren Überströmens zu großer Flüssigkeitsmengen in den Kompressor mit den bekannten Folgen, wenn man nicht den Abscheider so groß bemißt, daß er die ganze Maschinenfüllung aufnehmen kann. Diese Bedingung läßt sich für kleinere Maschinen ganz gut erfüllen, wenn man nicht die höheren Kosten scheut.

Die Figuren der Tafel II für die Maschine mit Überhitzung unterscheiden sich von denjenigen der Figuren 1—3
(Seite 6) nur wesentlich im Temperaturverlauf, wie ihn
die Figuren 3 wiedergeben.

In den Figuren 2 und 3 der Tafel II erscheint die
Indikatorkurve als die trockene Adiabate, und die Überhitzung erreicht jeweils ihren dem Druckverhältnisse $\frac{p_v}{p_a}$
entsprechenden Höchstwert, welcher aus der Gleichung
für überhitzte Ammoniakdämpfe berechnet werden kann.

Während des Hinausschiebens aus dem Kompressor
behalten die Dämpfe ihre höchste Temperatur annähernd
bei, in der Druckleitung dagegen geben sie einen beträchtlichen Teil, ungefähr 20 bis 30 Grad an die Luft
ab, und im Kondensator kühlen sie sich rasch auf die
Sättigungstemperatur ab.

Als ein neuer, wenn auch nicht sehr beträchtlicher
Vorteil der Überhitzung tritt hier die Verkleinerung der
an das Kühlwasser abzuführenden Wärme und eine Er-
höhung der mittleren Temperatur des Kältemittels im
Kondensator deutlich hervor; durch beide Umstände
werden die Kondensatordifferenz und der Verdrängungs-
druck verringert.

Handregelung des Kompressorganges.

Eine sehr wichtige Rolle bei der Kaltdampfmaschine
spielt, wie aus den bisherigen Betrachtungen hervorging,
die Regulierung des Kompressorganges durch das Regelventil, und es erscheint gewiß auffallend, daß diese
Regulierung heute noch von Hand erfolgen muß und
der Geschicklichkeit des Maschinenführers anheimge-
geben ist. Tatsächlich sind auch schon zahlreiche Ein-
richtungen zum Ersatz der Handregulierung durch eine
selbsttätige versucht und patentiert worden, ohne daß
sie sich dauernd in die Praxis eingeführt haben. Wenn

wir die Bedingung für den Beharrungszustand und den
Reguliervorgang selbst jetzt untersuchen, werden wir
auch die Schwierigkeiten der Aufgabe erkennen und die
Vorzüge der Handregulierung zu würdigen wissen.

Die Bedingung für Erhaltung des Beharrungszustandes in der Maschine lautet:

In der Zeiteinheit muß durch das Regulierventil
die gleiche Gewichtsmenge des Kältemittels dem Refrigerator zuströmen, als ihm durch den Kompressor entzogen und dem Kondensator wieder zugeführt wird.

Beim nassen Kompressorgang ist diese Bedingung
immer erfüllt, da mehr Flüssigkeit dem Refrigerator zuströmt als verdampft; die unverdampfte Flüssigkeit wird
ebenfalls vom Kompressor angesaugt und dem Kondensator wieder zugeführt; innerhalb ziemlich weiter Grenzen
ist also hier der Beharrungszustand von der Regulierventilstellung unabhängig und eine Selbstregelung der
Maschine vorhanden.

Wir sehen aber auch hieraus wieder, wie in der
Praxis beim nassen Kompressorgang äußerlich für die
günstige Führung keine Anhaltspunkte gegeben sind und
die Leistung der Maschine mehr oder weniger vom Zufall
und der Geschicklichkeit des Maschinisten abhängig ist.

Beim Arbeiten mit unvollkommener Überhitzung,
wie es bisher bei Leitungsversuchen üblich war, darf
weder zu wenig noch zu viel Flüssigkeit überströmen,
denn im einen Fall würde die Überhitzung zu groß, im
andern Fall zu klein, das Regulierventil muß also tatsächlich auf eine ganz bestimmte Durchflußmenge eingestellt werden, welche sich außerdem im praktischen
Betriebe fortwährend ändert und nur im Beharrungszustand annähernd unveränderlich erhalten werden kann.
Diese Regulierung ist so schwierig, daß nur lange Übung
und größte Aufmerksamkeit sie ermöglicht, aber auch
dann pendelt die Druckrohrtemperatur zwischen ziemlich
weiten Grenzen hin und her, wie die Veröffentlichungen

derartiger Versuche fast ausnahmslos ausweisen. Im praktischen Dauerbetrieb ist sie aber nahezu undurchführbar und äufserst selten zu finden.

Beim Arbeiten mit voller Überhitzung mufs genau dieselbe Gewichtsmenge Flüssigkeit zuströmen, als verdampft und als trockener Dampf zum Kompressor abgesaugt wird, es erscheint also die Regulierung ebenso schwierig, als vorhin, aber trotzdem ist sie bedeutend leichter und in Amerika seit langem vorherrschend. Die Ursache dieses auffallenden Umstandes ist in einer Art Selbstregulierung der Maschine zu suchen, welche innerhalb gewisser Grenzen eintritt.

Strömt nämlich bei der jeweiligen Stellung des Regulierventils ein geringeres Gewicht des Kältemittels dem Refrigerator zu, als der Kompressor trockenen Dampf absaugt, so sinkt einerseits der Saugdruck und andrerseits überhitzen sich die Dämpfe bis zum Eintritt in den Kompressor bedeutend; das Gewicht der abgesaugten Dämpfe wird dadurch immer kleiner, bis es bei einem bestimmten Saugdruck gleich dem zuströmenden Flüssigkeitsgewicht wird, und der Beharrungszustand sich von selbst einstellt. Dafs diese Selbstregulierung nur auf Kosten der Leistung eintritt, ist nach dem Vorhergehenden wohl selbstverständlich. Tatsächlich arbeiten die amerikanischen Anlagen, soweit aus den Veröffentlichungen bekannt ist, auch meist mit ungewöhnlich niedrigem, ungünstigem Saugdruck, was hierdurch erklärlich geworden ist.

Beim Arbeiten mit Überhitzungseinrichtung ist der Refrigerator absichtlich mit einer gröfseren Flüssigkeitsmenge gefüllt und die Dämpfe verlassen den Refrigerator sehr nafs. Die Flüssigkeit wird im Abscheider abgeschieden und in den Refrigerator zurückgeführt, im Kompressor tritt vollkommene Überhitzung ein.

Im Beharrungszustande müfste aber auch hier dieselbe Gewichtsmenge des Kältemittels durch das Regel-

ventil strömen, welche der Kompressor absaugt, und die
Regulierung erscheint schwierig. Strömt mehr Flüssigkeit zu, so müfste sich der Vorrat im Kondensator nach
und nach erschöpfen, und es könnten Dämpfe durch
das Regulierventil übertreten. Die Erfahrung hat aber
gezeigt, dafs diese Gefahr leicht vermieden werden kann,
wenn man die Flüssigkeitstemperatur vor dem Regulierventil beobachtet und danach das Regulierventil einstellt. Infolge der Unterkühlung im Kondensator ist die
Flüssigkeit stets kälter als die Kondensatortemperatur,
welche das Mano- und Thermometer anzeigt; je weniger
Flüssigkeit sich nun im Kondensator befindet, um so
mehr nähert sich die Flüssigkeitstemperatur der Kondensatortemperatur. Damit wird aber auch die Flüssigkeitswärme und die Dampfbildung im Regulierventil,
ebenso der Gegendruck in der Flüssigkeitsleitung, immer
gröfser und die durchströmende Flüssigkeitsmenge immer
kleiner, es tritt also auch hier wieder eine gewisse Selbstregelung ein, welche die Regulierung sehr erleichtert.
Tatsächlich kann das Regulierventil nach der Flüssigkeitstemperatur unter gewöhnlichen Betriebsverhältnissen
für längere Zeit eingestellt werden, so dafs die Regulierung auf höchste Leistung viel weniger vom Maschinen-
führer abhängig ist, als bisher. Der Entleerung des Kondensators läfst sich ganz vorbeugen, wenn man die
abgeschiedene Flüssigkeit, wie schon früher erwähnt,
nicht in den Refrigerator, sondern in die Flüssigkeitsleitung zwischen Kondensator und Regulierventil drückt.
Wohl entsteht dadurch ein grundsätzlicher Arbeitsverlust,
derselbe ist aber infolge der Kleinheit des Flüssigkeitsvolumens verschwindend klein gegenüber dem Arbeits-
verbrauch des Kompressors und dem durch die Überhitzungseinrichtung erzielten Gewinn.

Nachdem die Erfahrungen an Maschinen mit Überhitzungseinrichtung unzweifelhaft bewiesen hatten, dafs
die Höchstleistung einer Kompressions-Kaltdampfmaschine

nur auf diese Weise dauernd erzielt werden kann, führten
sich dieselben rasch in die Praxis ein. Anfänglich blie-
ben Mifserfolge nicht aus, indem einerseits die sichere
Rückführung der abgeschiedenen Flüssigkeit in den Refrigerator Schwierigkeiten bereitete und andrerseits die
konstruktive Ausbildung der Stopfbüchsen und Kolben-
dichtungen dem Betrieb mit überhitzten Dämpfen an-
gepafst werden mufste. Insbesondere erwies sich die bis
dahin übliche Schmierung der Zylinder durch die Stopfbüchsen als ungenügend. Trotz der bisher befriedigenden
Ergebnisse dieses Verfahrens für nassen Kompressorgang
war es doch immer schon eine Unvollkommenheit, den
Stopfbüchsen zwei einander entgegengesetzte Aufgaben
zuzuweisen; nämlich die Verhinderung des Ausströmens
von Dämpfen aus dem Zylinder und die Ermöglichung
des Eintritts von Öl in den Zylinder. Das dickflüssige
Öl haftete beim nassen Kompressorgang an der Kolbenstange und wurde von ihr in genügender Menge in den
Zylinder mitgenommen, wenn die Stopfbüchse nur mäfsig
angezogen war. Beim trockenen Kompressorgang aber
wurde infolge der Überhitzung das Öl so dünn, dafs die
Adhäsion desselben an der Stange nicht mehr genügte,
und öfteres Fressen des Kolbens im Zylinder war die Folge.

Die Gesellschaft für Lindes Eismaschinen ging daher
dazu über, dem Zylinder mittels einer besonders kon-
struierten Ölprefspumpe unmittelbar Öl in regelbarer
Menge zuzuführen und so die Stopfbüchsen von ihrer
Doppelaufgabe zu entlasten. Eine weitere Unsicherheit
und Unvollkommenheit aber schlofs der Betrieb mit
Überhitzungseinrichtung noch dadurch in sich, dafs nur
ein erfahrener Fachmann imstande war, die richtige
Funktion einer Überhitzungseinrichtung, insbesondere der
Flüssigkeitsrückführung zu erkennen und das Maschinenpersonal entsprechend zu unterrichten.

Häufig glaubte man im Verschwinden der Bereifung
der Saugrohre und in hoher Temperatur der Druckrohre

die Merkmale für richtigen trockenen Kompressorgang
zu sehen. Dieses Bild erscheint aber auch bei zu weit
geschlossenem Regulierventil und bei Ammoniakmangel;
in beiden Fällen erhält der Refrigerator zu wenig Flüssigkeit, die Dämpfe verlassen denselben schon stark
überhitzt, die Leistung wird minderwertig, und die Gefahr des Fressens der Kolben tritt in erhöhtem Maße
ein. Auf Grund meiner Erfahrungen stellte ich für das
Maschinenpersonal die leichtfaßliche Regel auf: »Druckrohre heiß, Saugrohre weiß«, denn bei richtig geführtem
trockenem Kompressorgang bereifen sich unter gewöhnlichen Betriebsverhältnissen auch bei heißen Druckrohren
die Saugrohre, wenn auch in geringerem Maße. Vollständig abgetaute Saugrohre bei Saugmanometertempe-
raturen unter — 8° C lassen fast immer auf ungenügende
Flüssigkeitsmenge im Refrigerator schließen.

Trotz dieser Unvollkommenheiten boten die Überhitzungseinrichtungen den Besitzern vorhandener Anlagen
ein willkommenes und gern aufgenommenes Mittel zur Ver-
größerung der Leistung und der Wirtschaftlichkeit ihrer
Anlagen, und für neu zu errichtende Anlagen konnten für
Maschinen mit Überhitzungseinrichtung Leistungsgarantien
ohne Risiko gegeben werden, welche weit höher waren als
diejenigen für Maschinen ohne Überhitzungseinrichtung.

Beispiel zur Berechnung der spez. Leistung einer Maschine mit Überhitzungseinrichtung.

An einem Beispiel will ich nun die Verwertung der
abgeleiteten Formeln zeigen und zugleich die mit einer
NH·Maschine mit Überhitzungseinrichtung erreichbare
Höchstleistung für Normaltemperatur berechnen, wenn die
Kühlflächenbeanspruchungen des Refrigerators 1200 WE
und des Kondensators rund 1400 WE betragen.

Die Ventil· und Leitungswiderstände nehme ich für
die Saugseite zu $p_r - p_a = 0,25$ kg/qcm und für die Druck-

seite $p_v - p_c = 0,3$ kg/q an, die Wertmesser $a_c = a_r = 0,15$,

dann ist $d_r = 0,15 \sqrt{1200} =$ . . . . . 5,2°C,

$\qquad d_c = 0,15 \sqrt{1400} =$ . . . . . 5,6°C,

$\qquad t_r = -3,5 + -5,2 =$ . . . $-8,7°$C,

$\qquad p_r =$ . . . . 3,09 kg,

$\qquad p_a = 3,09 - 0,25$ . . . . . . 2,84 kg,

$\qquad v_a =$ . . . . 445 Liter,

$\qquad t_c = 15 + 5,6$ . . . . . . 20,6°C,

$\qquad p_c =$ . . . . 8,97 kg,

$\qquad p_v = 8,97 + 0,3 =$ . . . . . 9,27 kg,

$\qquad \eta_i \cdot \eta_v =$ 0,88,

$$W_{spez.} = \mathrm{Const} \frac{\eta_v \cdot \eta_i}{p_v \cdot V_a} = 20\,000\,000 \cdot \frac{0,88}{445 \cdot 9,27} \doteqdot 4270 \,\mathrm{Kal}.$$

Automatisches Regulierverfahren.

Es blieb nun nur noch ein Schritt zur letzten Vervollkommnung des Betriebes der Kompressions-Kaltdampfmaschine mit Überhitzungseinrichtung, nämlich der Ersatz der Handregulierung mittels des Regulierventils durch ein vollständig automatisches Regulierverfahren. Einen solchen automatischen Regulierapparat bildete die Gesellschaft Lindes Eismaschinen nach meinen Vorschlägen in den Jahren 1906/1907 aus, und ich führte mit demselben an einer Kälteanlage in Karlsruhe einen Versuch aus. Der Apparat entsprach sofort nach seiner Inbetriebsetzung allen Erwartungen und ersetzte das Regulierventil vollständig. Ohne jede Handregulierung erzielte derselbe dauernd richtigen trockenen Kompressorgang von höchster Wirtschaftlichkeit, auch bei Schwankungen der Kälteleistungen zwischen 50 und 100%, und unter stark wechselnden Temperaturverhältnissen. Selbst bei Stillsetzung des Kompressors ist eine Absperrung der Flüssigkeitsleistung zwischen Kondensator und Refrigerator nicht mehr nötig, da dieselbe der Regulierapparat selbsttätig sicher erzielt.

Die neue Einrichtung ist auf Tafel III schematisch dargestellt. Sie besteht im wesentlichen aus 2 Hauptteilen, dem Flüssigkeitsabscheider und dem Regulierapparat. Diesem fliefst die vom Abscheider kommende Flüssigkeit, ich nenne sie »die sekundäre«, selbsttätig zu, ebenso die vom Kondensator kommende Flüssigkeit, ich nenne sie »die primäre«, und das Gemisch beider Flüssigkeiten strömt in den Refrigerator über. Der Hauptbestandteil des Regulierapparates ist der langsam rotierende Speisezylinder. Er ist in 3 Kammern geteilt, von welchen jede oben und unten Langlöcher hat. Bewegt sich die untere Öffnung einer solchen Kammer über die Eintrittsöffnung der sekundären Flüssigkeit, so fliefst diese in die Kammer über und füllt sie mehr oder weniger an. Durch die obere Öffnung können gleichzeitig die Dämpfe in die Saugleitung der Maschine entweichen, wodurch jeder Gegendruck vermieden wird. Gelangt die untere Öffnung über den Eintritt der primären Flüssigkeit, so füllt diese den noch freien Raum der Kammer an, die obere Öffnung bleibt verschlossen, und die Kammer ist nun mit einem Gemisch von sekundärer und primärer Flüssigkeit, sowie mit Dämpfen von höherem Druck als er im Refrigerator herrscht, gefüllt. Sobald die untere Öffnung bei der Weiterdrehung des Speisezylinders über die Ausströmöffnung zum Refrigerator zu liegen kommt, strömt die Flüssigkeit der Kammer in diesen über.

Es ist klar, dafs um so weniger primäre Flüssigkeit in den Speisezylinder eintreten kann, je mehr sekundäre Flüssigkeit demselben zufliefst und umgekehrt. Auf diese Weise wird eine Unter- und Überfüllung des Refrigerators, insbesondere aber Entleerung des Kondensators unmöglich, und die Kompressionskaltdampfmaschine funktioniert vollständig automatisch.

Sachregister.

NH₃-Kompressions-Kaltdampfmaschine ohne Überhitzungseinrichtung.

Fig. 3.
TEMPERATUR – DIAGRAMM.

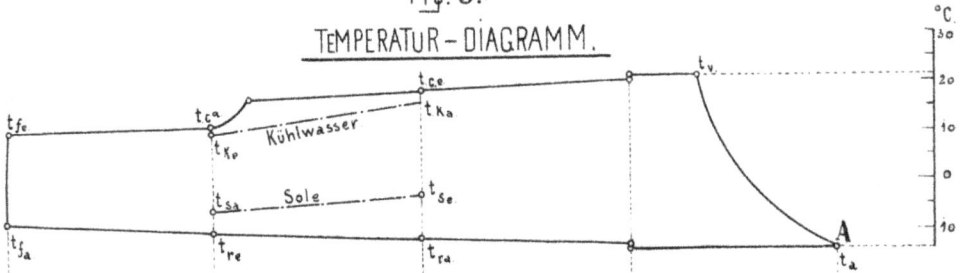

°C.
30
20
10
0
-10

t_{fe} t_{ca} t_{ce} t_v
t_{Kp} t_{Ka}
Kühlwasser
t_{sa} Sole t_{se}
t_{fa} t_{re} t_{ra} A t_a

Fig. 2.
DRUCK – DIAGRAMM.

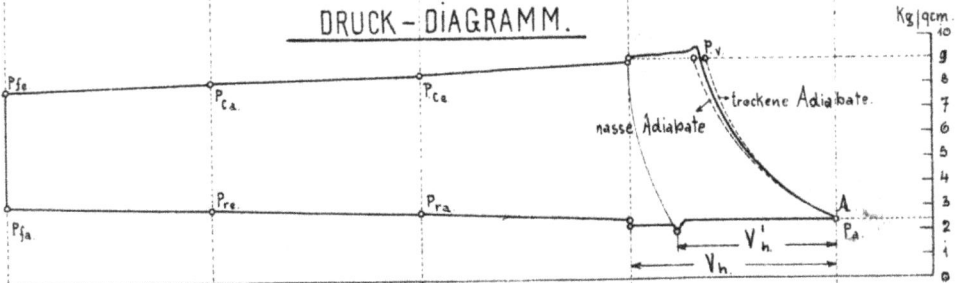

Kg|qcm.
10
9
8
7
6
5
4
3
2
1
0

P_{fe} P_{ca} P_{ce} P_y
trockene Adiabate
nasse Adiabate
P_{re} P_{ra} A
P_{fa} P_a
V_h'
V_h

Fig. 1.
MASCHINEN-SCHEMA.

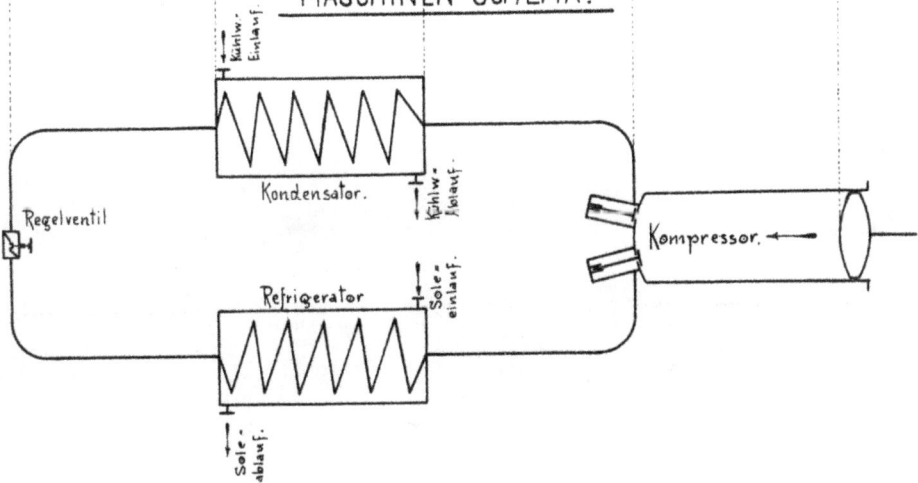

Kühlw.-Einlauf.
Regelventil
Kondensator.
Kühlw.-Ablauf.
Kompressor. ←
Refrigerator
Sole-einlauf.
Sole-ablauf.

Verlag von R. Oldenbourg, München u. Berlin.

NH₃-Kompressions-Kaltdampfmaschine mit Überhitzungseinrichtung.

°C.

Fig. 3.

TEMPERATUR-DIAGRAMM.

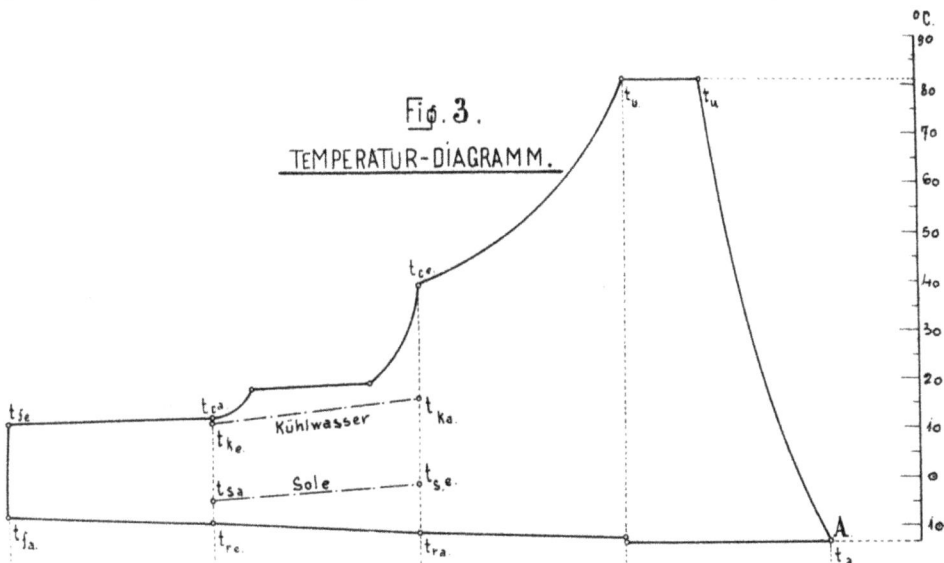

t_u t_u

t_{ce}

t_{fe} t_{ca} Kühlwasser t_{ka}
t_{ke}

t_{sa} Sole t_{se}

t_{fa} t_{re} t_{ra} A t_a

Fig. 2.

DRUCK-DIAGRAMM.

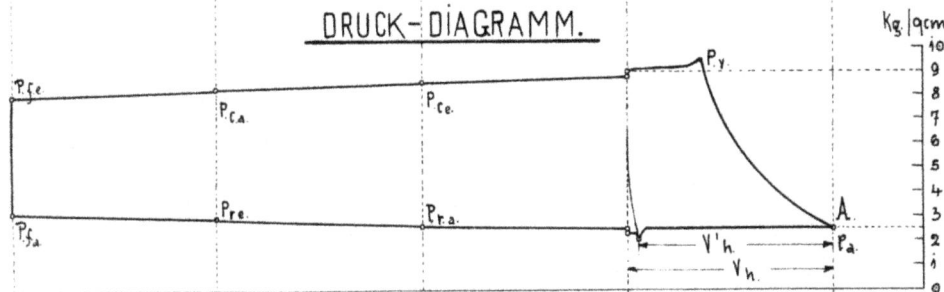

Kg.|qcm

P_{fe} P_y
P_{ca} P_{ce}

P_{re} P_{ra} A
P_{fa} P_a

V'h

Vh

Fig. 1.

MASCHINEN-SCHEMA.

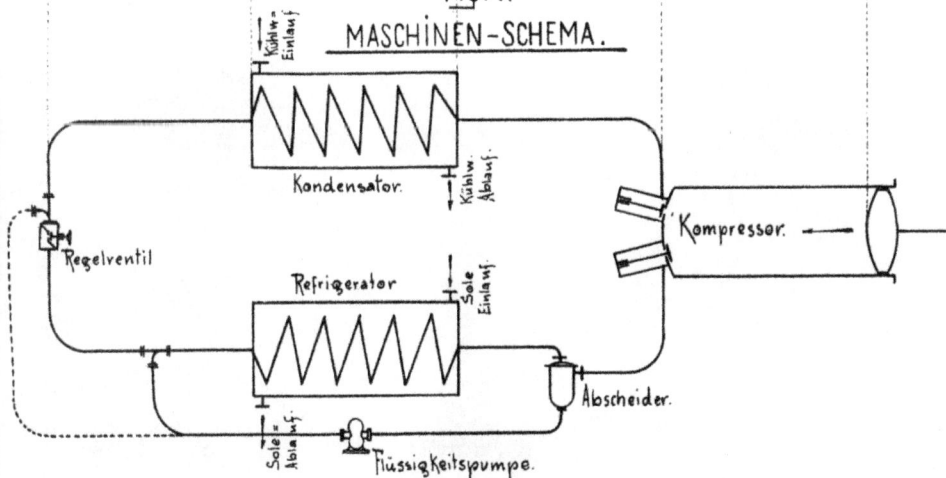

Kühlw-Einlauf

Kondensator.   Kühlw. Ablauf.

Regelventil

Refrigerator   Sole Einlauf

Kompressor.

Abscheider.

Sole = Ablauf.   Flüssigkeitspumpe.

Verlag von R. Oldenbourg, München u. Berlin.

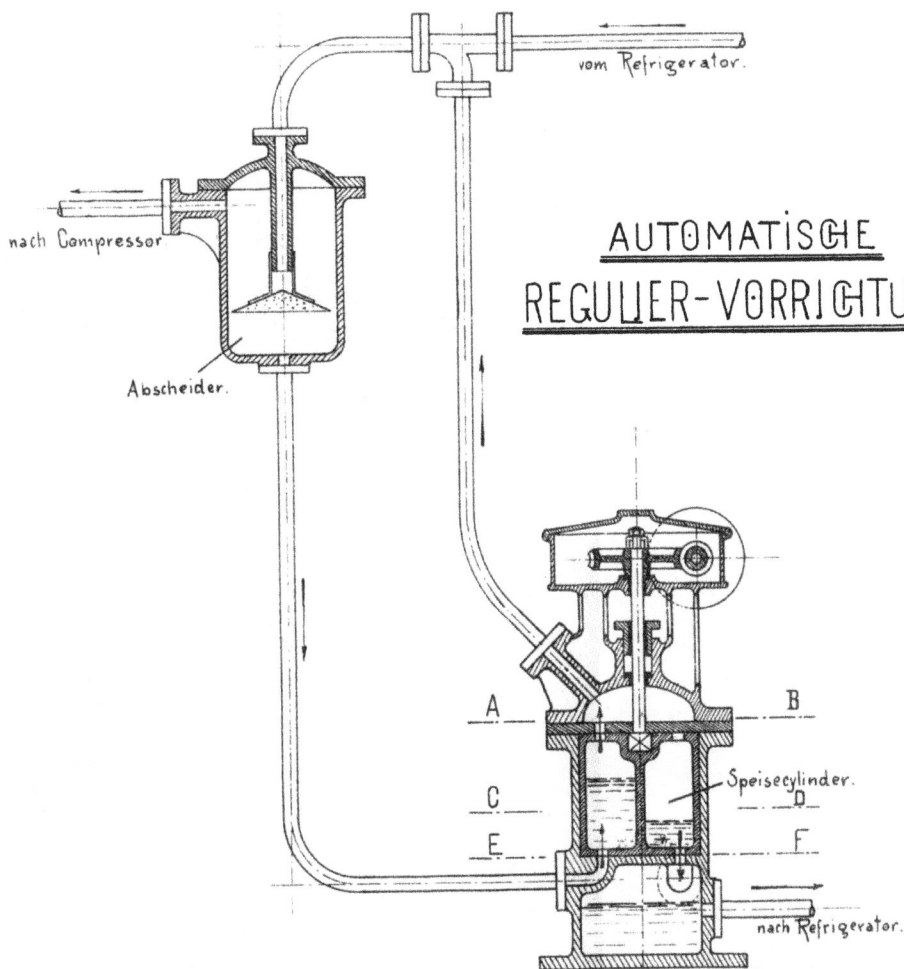

vom Refrigerator.

nach Compressor

AUTOMATISCHE
REGULIER-VORRICHTUNG

Abscheider.

A   B

Speisecylinder.

C   D

E   F

nach Refrigerator.

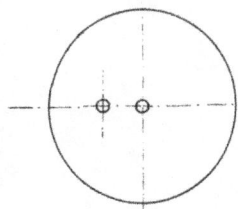

Schnitt A-B.

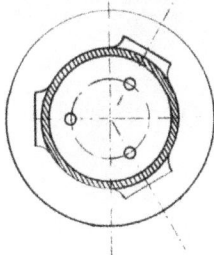

Schnitt E-F.

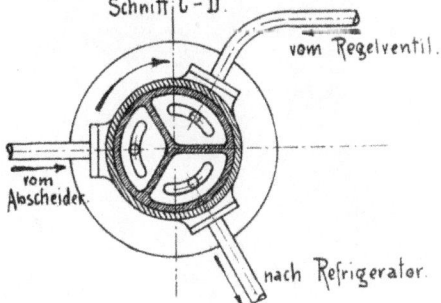

Schnitt C-D.

vom Regelventil.

vom Abscheider.

nach Refrigerator.

Verlag von R. Oldenbourg, München u. Berlin.